JN299927

シリーズ 応用動物科学／バイオサイエンス 1

# 応用動物科学への招待

舘 鄰 著
TACHI, Chikashi

朝倉書店

# 序

　万葉集や源氏物語は1000年以上にわたる時代を隔てて，われわれの共感をそそり，感動をひきおこす．また，聖書や多くの仏典に集約された英知や洞察は，2000年を超える年月を経て，今日でも，多くの人々に真理として受け入れられ，信仰されている．人間の感性や基本的な洞察力は，1000年あるいはそれ以上の時間を経過しても変わらないのである．

　一方，先端的な科学や技術の分野では，1000年はおろか，1年前の常識が，今年は覆されるようなことは，むしろ，日常茶飯事である．私が学生だった1950年代の半ば頃にはコンピューターで漢字が扱えるようになるかどうか，専門家の間で真剣な議論が交わされていた．メモリーの容量が巨大になるので無理だろうと考える人が少なくなかった．30年前の大型コンピューターの機能は，今やほとんどパソコンでまかなえる．そのパソコンも，購入した最新モデルが，ようやく使い慣れた頃には仕様が古くなり，役に立たなくなることは，われわれも日常の個人的な問題として，否応なく経験するところである．日新月歩が科学の合い言葉である．

　悠久を隔てて変わらぬ感性と，日々に新たな発見や発明を求める科学とは，一見異なる人間の心の側面であるようにも見えるが，科学を生むのは豊かな感性にほかならない．そして，科学の進歩のみが，豊かな感性の求める夢を具体化し，理想を実現することができる．

　21世紀には，地球における人類のみならず，すべての生命の存在そのものにかかわる多くの困難な問題が，解決を迫られることが予測されている．応用動物科学は，われわれ人類を含む動物の生命に直接かかわる科学である点で，とりわけ，地球動物家族の問題解決に重い責任を負っている．

　まず，豊かな感性を育てよう．そして，美しい夢をもとう．理想を抱こう．その実現に向けて，一緒に働こう．世界中の素晴らしい仲間に加わろう．

本書は，応用動物科学への招待状であると同時に，著者が東京大学大学院農学生命科学研究科応用動物科学専攻の応用遺伝学研究室と，麻布大学獣医学部動物応用科学科の動物工学研究室で，多くの心優しく，働き者の若い仲間たちとはじめた，そうした夢の世界に向けた第一歩の記録でもある．完成は，まだはるかである．ひょっとすると，意外に早く完成するところもあるかもしれない．しかし，大部分は，スペインのアントニオ・ガウディのサグラダ・ファミリア聖堂のように，その完成が100年後になるか，200年後になるかだれにもわからない．だから，本書は，完成した殿堂への招待状ではなく，未完の建物の建築現場への招待状なのである．

　われわれが今行っていること，あるいは，今行えることは，もちろん，応用動物科学のほんの一部の限られた分野にすぎない．このシリーズを通じて，応用動物科学の無限にひろがるさまざまな可能性が，それぞれの専門分野の優れたリーダーたちによって語られるだろう．どの入り口から入っても，素晴らしい世界がひろがっているはずである．

　生物はみなさりげなく生きている．われわれは，当然のこととして日々を生き，子供を育て，そして死んでゆく．野山や庭，あるいは通勤の行き帰りに見かけるさまざまな植物や動物たちも，それぞれの日を過ごし，季節の変化にともなって生と死の自然のサイクルを繰り返す．

　しかし，このような，おそらく30億年以上にわたって繰り返されてきた生命の営みを支えている1個の細胞の中の構造や，そこではたらいている機構は，最新のナノテクノロジーも遠くおよばない．細胞の中の1個の遺伝子を発現させ，さらにその発現を調節するのに，どれくらい精緻で複雑な機構がはたらいているのか，最先端の分子生物学でも，まだ，十分に解明されていない．そして，われわれのからだをつくっている遺伝子が2万6000～3万個あることが明らかにされたのはつい最近のことである．

　超絶的に精緻で複雑なメカニズムの正確なはたらきが支えている生命は，さりげなく，大雑把で，時として，きわめていい加減に生きている．

　本書の本文で展開される各章には，大学で生命科学を専攻する高学年の学部学生や大学院生，あるいは，第一線で活躍中の研究者でなければ，本当の意味がわかりにくい部分もある．しかし，必ずしも細部がすべてわかる必要はな

い．難しいところはとばして読んで，応用動物科学からのメッセージをおおまかに理解していただければよいのである．先に述べたように，本来，生命とはそうしたものだからである．そして，高校生や一般の社会人の方々と，生命科学の第一線ではたらく人々との間で，応用動物科学に何ができるのか，どんなことが期待されるのか，感情的にバイオテクノロジーを批判するだけでなく，ともに考え，素晴らしい未来の開拓に向けた実りあるダイアローグを行うきっかけとなることができれば，私にとっては文字どおり望外の喜びである．

本書で紹介した，東京大学の応用遺伝学教室で行った研究は，すべて，当時教官としてともに過ごした，東條英昭博士（現東京大学教授），田中 智博士（現東京大学助教授），山内啓太郎博士（現東京大学助教授）と，大学院生との共同研究である．また，麻布大学では，大学院生とともに，多数の卒業研究の学生諸君が献身的に研究室の立ち上げに努力してくれ，前向きで，楽しい研究室の雰囲気をつくってくれたことに感謝したい．限られたスペースと，文章の流れで，仕事を紹介できなかったり，名前を挙げられなかったメンバーが多いことを，あらかじめお詫びするとともに，事情をご賢察の上，お許しいただきたい．

東京大学の農学部に応用動物科学専攻が開設されたのは，平成3年の4月であった．大きな可能性をもった新専攻の立ち上げに参加する機会を与えていただいた，高橋迪雄教授（現名誉教授）をはじめとする，東京大学農学部の諸先生方，友人諸兄姉に心から感謝の意を表したい．また，東京大学ではじめた仕事の一部を，さらに発展させ，継続する機会を与えて下さった，麻布大学の中村経紀学長と獣医学部，環境保健学部の諸先生方，友人諸兄姉に深甚の謝意を表したい．

最後に，このシリーズが企画されて以来，長年にわたって辛抱強く企画を進めていただいた，朝倉書店編集部の方々に心から御礼を申し上げたい．

2001年8月

舘 鄰（たち ちかし）

# 目　　次

1　プレリュード———————————————————————1
　●1　40億年プラス50億年　*1*
　●2　生命のストラテジー　*2*
　●3　生命の現状　*4*

2　動物のグリーン革命—————————————————12
　●1　光合成をする動物　*12*
　●2　セルロースを消化する動物　*17*
　●3　寄生虫フリーの家畜　*19*
　●4　素晴らしい共生生物　*24*

3　ボディー革命———————————————————————28
　●1　ボディー・サイズ　*28*
　●2　ボディー・カラー　*37*
　●3　ネオ・ネオ・ホワイト革命　*43*
　●4　スーパー・マッチョ　*49*

4　生殖革命—————————————————————————57
　●1　雄はなくとも…　*57*
　●2　コピーで殖やす　*67*
　●3　本当の試験管ベビー　*75*

## 5 発生革命 ───── 84
- 1 生殖細胞と体細胞　*84*
- 2 試験管でつくる精子と卵細胞　*90*
- 3 全能・多能・万能細胞　*94*

## 6 生態革命 ───── 101
- 1 絶　滅　*101*
- 2 環境ホルモン　*108*
- 3 人口問題と文化　*113*

## 7 ポストリュード ───── 122

参 考 文 献 ───── 127
索　　　引 ───── 139

# 1 プレリュード

## ● 1　40億年プラス50億年

　宇宙が誕生してからこれまでに流れた時間は，100億年におよぶという．地球に生命が出現してから，約40億年と推測されているから，宇宙の時間のかなりの部分を，生命が共有していることとなる．荒れ狂い，渦巻き，想像を絶するスピードで飛散する素粒子や原子から出発して，複雑な分子の複合体である生命に至る道のりを考えると，生命の出現までにかかった60億年は，ずいぶん短い時間であったように感じられる．

　地球の生命とはまったく異なる条件で生まれた生命と呼ぶべきものが，広い宇宙には多分存在するのだろうが，われわれが住む太陽系では，水と大気と，太陽からのほどよい熱と光が，「青い惑星」に炭素を主要な素材とした生命をはぐくんだ．

　しかし，その太陽も，今からおよそ50億年後には燃料である水素を使いつくし，その周辺を巨大な雲のようにとりまく100万℃を超える高温のガスは，核融合反応を続けながら膨張して，現在の水星の軌道をのみ込み，さらに，金星の軌道を超えて，われわれの地球の軌道にまで達するだろうと予測されている．その頃には，地球の水という水は沸騰し，すべて蒸発して厚い雲となって地球を被うが，その雲も次第に熱せられ，水の分子は広大な宇宙に拡散して，

いずれ地球からはすべての水が消えてしまうだろうという．

　物理学者や天文学者も人の子であるから，ぜひ，間違っていてほしいと思うのはやまやまだが，神の恩寵を受けた頭脳の計算は多分正しいのだろう．地球に誕生した生命は，あと50億年で，宇宙空間からすべて消えてしまうのであろうか．それとも，いつの日にか人類は，太陽に似た他の恒星の惑星を探し，巨大な宇宙船に凍結保存したさまざまな生物の細胞や，精子や卵子と，それらを新しい惑星で，条件が整ったときに生物に復元するロボットを乗せて，何十万あるいは何百万光年という，果てしなく長い宇宙の旅に出ることになるのであろうか．そして，アメリカの人類学者ディクソン（D. Dixon）が予言したように，宇宙生活に適応した，まったく新しい人類や生物が進化するのであろうか．

　ただしいずれも，もしも人類が，そのようなことが可能になるときが来るまで，地球上に存続できればの話である．

## ● 2　生命のストラテジー

　太古の海にまずRNAワールドとして誕生した原始的な生命は，DNAワールドに置き換えられ，世代から世代へと連続し，進化を遂げて，現在のわれわれにまで至ってきた．生命は，文字どおり水に満ち，地に満ち，そして，空も生物の活躍の場となっている．多細胞生物の個体は有限の寿命をもち，そのからだは消滅していくが，生命そのものは生殖細胞を介して連続性が保たれる．太古の世界から40億年におよぶ生殖細胞の連鎖が生殖細胞系列（または生殖系列とも呼ばれる）であり，生命の連続性は生殖細胞系列の連続性にほかならない．

　地球上で生命が成功をおさめた理由の一つとして，生殖細胞と体細胞とを，進化の比較的早い時期に分離したことを挙げることができるだろう．体細胞は，生殖細胞を包み，保護するキャリヤーとして単に生殖細胞の連続性を維持するだけでなく，さまざまな地球の

環境に適応して，遺伝情報を広く地球上に伝搬する「生命のストラテジー」の進化を可能にした．

また，体細胞に一定の寿命を設けて，スクラップ・アンド・ビルドを可能にしたことも，生命の進化にきわめて重要なことであった．もしも，体細胞が無限の生命をもち，消滅することがなかったら，発育中の幼弱な子孫は親の世代との過酷な競争にさらされて，進化はずっと昔に停滞し，地球は生命の起源に近い時代に生じた，古い生物でいっぱいにならざるをえなかったに違いない．個体は「死へ向けた存在」（ハイデガー）として，一定の期間ののちに消滅し，少し変化を遂げた次世代の個体で置き換わる．この繰り返しが，地球上に生命のニューモデルが常に誕生し続けることを保証し，生命は世代を重ねることで，自身の適応度を着実に上げることに成功した．体細胞の分化と専業化は，生物学的な機構としての「利己としての死」（日高，1989）と呼ばれる過程の出現でもあった．

40億年の進化の中で，生命はサバイバルと，よりよい存在のありようを求めて，さまざまなストラテジーを試みてきた．地球上の生命の多様性は，そのまま，生物個体が地球生態環境に適応するために，文字どおり生命をかけて試みたさまざまなストラテジーの多様性である．したがって，人類の英知も，生物学的には，そのようなストラテジーの一つだということになる．それでは，人類に英知を進化させた，生命のストラテジーとは，一体何であったのだろうか．人類がもつ，自然の機構や真理の探究への止むことのないエネルギーは，どこから生ずるのだろうか．

アメリカの分子生物学者シュピーゲルマン（S. Spiegelman, 1971）によれば，人類がはじめて宇宙空間に出たときに，DNAがなぜ人類を進化させたのか，ようやくその理由が明らかになったという．つまりDNAは，宇宙に進出するために，人類を創出したのだというのである．太陽系も，いずれ終末を迎えるものであるから，宇宙に旅立つことは，DNAの無限の存続を保証する唯一の手

段であろう．利己的な遺伝子（R. Dawkins, 1976）の計画は，文字どおり深謀遠慮なのである．

人類は，DNA が地球上の生命すべてを救うために進化させた究極のストラテジーの成果であるとすれば，われわれは太陽系が終末を迎え，生命の存続を求めて広大な宇宙に旅立つ前に（幸い，それは約 50 億年後とのことであるから，まだだいぶ時間はある），地球上の生命の保全と，よりよい存在にむけ，その知識のすべてを動員し，英知をかたむけて努力することがつとめであり，また，人類の存在の意味でもあるということになる．

一般的に言って，基礎科学が真理の探究そのものに絶対的な価値を見出すのに対して，人類とのかかわりの見地から探究活動を行うのが応用科学である．つまり，応用という語は，人類とのかかわりということとほぼ同義であると考えてよいだろう．絶対的な真理は，人類が存在するとしないとにはかかわらず厳然として存在するものであり，その探究も，人類にとっての有用性を問う必要はないが，応用科学は人類文化の存在を前提としてのみ意味をもつ．

応用動物科学は，生命科学，なかでも動物科学の，分子から生態系，そして宇宙生物学に至る基礎知識のすべてを駆使して，地球動物家族の一員としての人類の存続と福利のために，そしてさらに，地球動物家族全体の存続と福利をはかる，新しい学問体系だと言うことができる．

## ● 3 生命の現状

40 億年におよぶ進化の歩みの結果，地球上の生命は現在，一体どのような状況にあるのであろうか．

約 400 万年前に，直立して 2 本の足で立って歩くようになった猿人は，熱帯多雨林から草原に住処を移し，火や石器を使うようになった．約 3 万年前には，現代の人類，ホモ・サピエンス（*Homo sapiens*）の直接の祖先となる人類が出現したと考えられている．

そして，現代に至る進化の過程で人類は，野生や自然から次第に遠ざかる文化や文明を生み，それらは，欧米やアジアを中心として，現在，きわめて高度なレベルに達成された．そして，さらに，高度化・複雑化に向けて進みつつある．かつて，猿人たちにとって住み心地のよい環境であった森林や草原は，もはや，現代の人類にとって理想的な生活空間ではなく，都市が抱える多くの問題の存在にもかかわらず，世界中で都市への人口集中が進んでいる．

　自然の生態系という見地からすると，われわれの遠い祖先が住んでいた熱帯の森林は，おそらく地球上でも最も複雑な生態系であろう．一方，理想的な都市とは，自然の生態系から可能な限り隔離された人類の実生活空間に，よく制御された自然の生態系がほどよく配置された構造をもつもので，生態系の見地からすれば，相対的にきわめて単純化されたものである．たとえば，われわれにとって「清潔」や「空調」は，いずれも快適な生活のキーワードであり，また，手入れのいきとどいた公園や美しく護岸工事のほどこされた河川は，都市の美観や安全のために欠かせない．すなわち，人類文化の潜在的な進化の動機づけとして，生活環境としての生態系の単純化，可制御化を理想とする趨勢が認められるのである．その点で，猿人が熱帯多雨林から，生態系としてより単純な草原へと移動し，そこで成功したことは，人類文化の方向づけに決定的な意味をもつことであったと思われる．生活環境からの情報の得やすさ，理解のしやすさが，サバイバルのための重要なメリットであることを習得したのである．

　人類文化に生活環境の生態学的単純化，可制御化への指向が内在しているとすれば，その追求が自然の生態系の破壊をもたらすのは当然のことといえる．森林を開発して都市をつくるのは，その象徴的なできごとである．東京もかつては広大な武蔵野の原野であった．

　さらに人類文化には，生態系の単純化，可制御化への指向に加えて，ヒトの物理的能力の超人化への指向がある．より賢く（知性が

物理的能力であるか否かについては議論もあろうが，コンピューターで少なくとも知性の一部を実行可能だという意味で，物理的能力であるといえよう），より強く，より速く，より高く，より高感度に，より高精度への指向は，長い人類進化の道程において，外敵から逃げたり，獲物を追い求めるなかで人類に生得的に培われた本能であるのかもしれない．たしかにそれは，大脳の発達をはじめ，優れた感覚器や運動能力など，人体の完成をもたらした．そしてさらに，人体の能力を補う，高度の機械文明を創出する原動力ともなった．その意味で，現代文明の強力な推進者であった西欧人種とその文化は，人類進化の方向を最も明確に指向した，いわば人類進化の最前線にあったと言うことができる．

　日本を含むアジア・ポリネシア文化や，アフリカ文化には，西欧文化とはやや異なる自然指向があるとはいっても，基本的な点で全人類が共通の進化の方向を求めていることは，現在，西欧文明がほぼ世界規模でひろがりつつあることを見れば明らかである．300万年前に人類が離れたエデンの園，熱帯多雨林は，伝説として，憧憬の場ではあっても，もはやすべての人類が帰りうる故郷ではない．

　都市文化と機械文明の創出は，同時に，自然の生態系がこれまでに経験したことのない，人工産物による環境要因を形成することになった．産業革命の時代から今日まで，人間の活動によってもたらされた環境汚染・環境破壊の例は枚挙にいとまがない．しかし，現代のそれは，都市文化・機械文明の汎人類化とともに，オゾン層の破壊や気候の温暖化の例にみられるように，地球規模の問題になりつつある．しかし，これらの問題ですら，これから人類が直面しようとしている問題からみれば，単なる入門的な課題にすぎない．

　現在約60億人といわれる地球の人口は，今後も当分の間，増え続け，今世紀の半ばには90億人に達するであろうという．人口が増加すれば，高密度の人口を支えるために，一層の都市化の進行が避けがたい．その結果，森林や草地が減り，光合成に依存している地球の酸素量が減少する事態も，決して非現実的な悪夢にとどまら

ない．

　しかし，そのような極限状況に至る前に，食料供給の限界が生じるだろう．人間が1日に必要とするエネルギーを，約2400 kcal（男子2700 kcalと女子2100 kcalの平均値）として，60億人の人類が1日に消費するエネルギーは，$1.44 \times 10^{13}$ kcal/日である．一方，地球上に1日に注がれる太陽エネルギーは，太陽定数（地球の大気圏外で太陽に正対する1 cm$^2$ が1分間に受ける太陽の輻射総量で，1.96 cal/cm$^2$min）から計算することができる．計算の方法によってずいぶん幅が生ずるが，光合成に利用できるエネルギーの総量は，多めに見積もっても $2.5 \times 10^{18}$ kcal/日であり，人類が1日に必要とするエネルギーの約17万倍である．17万倍は一見大きな値だが，これに，耕作や牧畜に利用可能な土地面積の割合，光合成による炭水化物の生産効率，動物タンパク質への転換効率，さらに食品としての利用効率を掛けたものが，太陽エネルギーに依存した食料生産の絶対的な上限となる．食物連鎖の各段階でのエネルギー転換効率は一般に10～20％あるいは，それ以下であるから，たとえ利用可能な太陽エネルギーの総量を上限近くに見積もったとしても，それほど余裕はなく，すでに人類は，かなり限界に近いところにまで達していることが推測される．実際，世界全体をみれば，アフリカやアジアで，食料の供給が不足している地域が数多く生じているのも，このような状況を反映した兆候といえるだろう．

　人類の生存に不可欠なもので不足するのは，食料だけではない．河川や湖，地下水など，人類に利用可能な淡水の不足も，すでにかなり深刻な状況になりつつある．アメリカのジョンズ・ホプキンス大学の研究グループの推計によれば，現在地球上の人類はすでに利用可能な淡水の54％を利用しており，2025年には28億人の人口が水不足に悩まされるだろうという．すでに2001年4月には，イスラエルがトルコからタンカーで水を輸入することで合意が行われた．世界でもはじめての試みとのことだが，次第に水の輸出入も当たり前のことになるのだろう．

「兵糧攻め」，「水攻め」，そして，「酸素攻め」では，人類がかつての恐竜の運命をたどるのも当然のなりゆきとなりそうである．

このように，地球上の人口の増加に絶対的な物理的限界があるのは明らかだが，その手前の「至適人口」，ないしは，「最大許容人口」というべきものを推定することが実際には大きな課題である．実は，これがきわめて難しい多くの問題を抱えている．しかし，今世紀中には，最大許容人口に関する論議が，まず地域規模で，そしてさらに，地球規模で現実のものとなる公算が高い．

最大許容人口の推計には，食料供給や環境要因など生存のための基本的条件だけでなく，生活の「質」が重要な要因となることが予測され，これをどう扱うかが，大きな論争の焦点になるだろう．単に，カロリー源，栄養源としての食料供給であれば，単純な生産量と消費量とのバランスから最大許容人口の計算が可能だが，高品質の食材や嗜好的食品の供給をどのように考えるかは，決して簡単な問題ではない．1950年12月に，当時日本の蔵相であった池田隼人氏は，国会で「貧乏人は麦を食へ」と発言して世論の反撃に会ったが，科学的には真実の一端をついており，同じ論議が世界規模で行われるようになることは，近い将来避けることのできない現実となるだろう．量の確保を目指して食料となる生物資源の育種・改良を進めるのか，あるいは，生産性は低くても高品質を目指すのか，われわれが選択を迫られる場面が生ずるのも決して遠いことではなく，世界の一部では，すでにはじまっているといえる．

機械文明についても同様で，たとえば，地球上の人類のすべてが，先進国なみに自動車をもつようになるのか，それとも，地域による格差を設けるのかで，環境の汚染度や化石燃料の消費量はずいぶん変わるだろう．比較的至近のこととして，中国における自動車の普及が，今後，どのような速度で進むかは，われわれにとっても世界にとっても注目すべきことのはずである．中国の自動車産業は躍進しつつあり，広大な大陸国家である中国が，将来，アメリカのような「エンジン文化」の中心の一つになることも考えられる．

中国の人口は現在約12億人であるが，今世紀の中頃には，13億人に達するであろうという．インドもすでに10億に近い過密な人口を抱え自動車の普及も着実に進みつつある．また，アフリカが第2のインド・中国になる可能性もあるだろう．これら，発展途上の地域における機械文明の普及が，人類全体の文明や文化のありように対していずれ深刻な課題となる可能性を否定することはできない．

　医療についても，コストのかかる高度の医療を，どの程度の比率の人々が受けられるのか，あるいは，受けるべきなのかという問題に対する解答は，医学の建前である人道的な理念のみからは引き出せない．社会構造，衛生設備，医療技術，研究開発能力などの点で，医療の質に地域差や階層差が生ずることは避けがたい現実であり，近未来ではその格差は増大するだろう．

　一方で，ウイルスやプリオンあるいはバクテリアの「進化」が新たな病原因子を生み，治療法が確立して普及する以前に，高密度の人類社会で急激に伝染し，またたくうちに地球規模で人類の大量死を招く可能性も，単にSFの世界のできごととして片づけることはできない．野生動物の世界では，類似の現象が起こることが知られている．人類でも，過去にはペストやスペイン風邪の流行が多数の人々を死に追いやり，最近では，エイズや狂牛病が，未来の現実ともいうべき状況をかいま見せている．

　清潔な生活環境と，高度の生命科学や医療技術を支える科学の存在を前提とした最大許容人口の論議には，物理的な「量」に加えて，「質」と「差別」の議論が否応なくつきまとう．そして，そのような議論をせざるをえなくなる時はそう遠いことではなさそうである．

　このような事態に，人類文化はどのように答え，対応するのだろうか．過去の歴史を振り返ってみると，おおまかに，消極的な対応と積極的な対応とに分けられることがわかる．消極的な対応では，財貨やサービスの物理的な量の規制や分配の差別化で対応しようとする．一方，積極的な対応では，新しい技術や概念の開発で同じ問

題の解決を試みる．

　例を，環境汚染の問題に見てみよう．自動車や飛行機の排ガス，冷蔵庫などに使うフロン，あるいはプラスチックから生ずる環境ホルモンなどの問題に対する一つの有力な対応は，使用や消費量を規制することである．この方向の議論は，極端に進めると現代文明の否定と自然への回帰，つまり野生への憧憬に連なるが，あくまでもそれは憧憬であって，実際にそのようなことが現代の人類に可能であるとは思えない．たとえば，現代人にとって，まったく自動車や飛行機，あるいはプラスチックを使用しない生活は，おそらく不可能であろう．環境問題に関する国際会議がしばしば開催されるが，どんなに攻撃的な環境論者でも参加するのに飛行機や自動車をまったく使わないで，たとえば，太平洋をヨットや手こぎのボートで渡り，アメリカ大陸を歩いて横断するというわけにはいかないだろう．

　したがって，使用を一定の枠内で規制することになるが，こうした規制は，結局，使用や分配の差別化をもたらすことにほかならない．消極的な対応はわかりやすく，必ずしも専門的な知識をもたなくても可能なので，いわゆる参加型の市民運動や行政の対応はこの方向をとりやすい．それはそれで，もとより重要なことは言うまでもないが，限度がある．

　一方，積極的な対応では，排ガスをまったく生じないエンジンの開発や，代替フロンの開発，あるいは環境汚染をしない新しいプラスチックの開発など，環境への負荷を軽減しながら，現代文明に結実した人類の知的冒険と活動の恩恵を，使用や分配の意図的な差別化をともなわずに，可能な限り多数の人類に供給することを試みる．多くの場合，積極的なアプローチは，高度の専門知識や才能を必要とし，また，果敢なチャレンジ精神が要求される．積極的なアプローチが成功するためには，科学者とそれを支える市民や行政の協力が不可欠だが，欧米との先鋭化した国際競争の最前線で危機感を募らせながら研究をしている科学者と，行政や市民感情との間に

は，しばしば大きな隔たりがある．

　ここで，どちらがよりよいかという議論をしようとしているのではないことは，特に，強調しておきたい．それは，立場や役割分担の違いであって，現代の人類にとって，消極的なアプローチと積極的なアプローチとのどちらもが必要であることは明らかだからである．消極的アプローチは，積極的アプローチが成果を挙げるまでの一時しのぎの対策であるともいえる．また，積極的なアプローチが問題を解決したとしても，いずれ，新しい限度が生まれることもまた自明のことであろう．一方で，積極的なアプローチが，予測を超えた，新しい危険を生む可能性もある．しかし，消極的なアプローチが過度になり，分配や流通のレベルでの調節に依存しすぎると，社会のひずみは増大するばかりで，それを根本的に軽減することはきわめて困難になるだろう．かつてのソ連や東ドイツ，あるいは，いわゆる共産圏の諸国での社会情勢に，そうしたひずみの行き着く先を見ることができる．

　政治や行政の根底において，人類の最大多数に，最大幸福を生む原動力となることができるのは科学であり，また，その結果生まれる少数派の利益を護る手段を提供するのも科学であろう．科学を差別や殺戮の道具とするのは，本来，発見や開発・生産の手段を，自身では所有していない政治であり，行政である．地球の現状がきわめて厳しい状況に達しつつある今こそ，すべての科学が，消極的・積極的の両面から，問題の解決に動員されなければならない．

　そうした状況の中で，応用動物科学の立場は，先にも述べたように，地球動物家族の一員としての人類の存続と福利のために，そしてさらに，地球動物家族全体の存続と福利のために，生命科学の高度の知識や技術を駆使し，現在，そして近い将来に人類が直面する問題に対して，動物を対照とした生命科学の立場から，積極的な対応を試みることにあると，筆者は主張したい．

　それでは，一体，応用動物科学にはどのようなことができるのだろうか．

# 2 動物のグリーン革命

## ● 1 光合成をする動物

　動物は，その食物の種類からおおまかに草食性，肉食性，雑食性に分けられるが，人類にとって，どのような食生活が最も適当なのかという疑問に対する，十分な解答はないようにみえる．地球上のさまざまな地域で，食事は重要な文化の一部であり，食材も調理法もずいぶん異なっている．一般に，人類が雑食性であることに異論はないとしても，エスキモーのように，ほとんど野菜を食べない人々もあれば，宗教的な理由による菜食主義者も多い．一方，中国の広州では，「空を飛ぶもので食べないのは飛行機だけ，四つ足で食べないのはテーブルだけ」（邱　永漢，1957）と言われるくらい，何でも食材になるらしい．したがって，はたして人類の理想的な食文化にとって動物タンパク質が不可欠なものかどうかについては大いに議論の余地があるとしても，標準的な栄養学では，人類にとって動物タンパク質は欠くことのできない重要な栄養源であると考えられている．

　動物は直接光合成を行うことができないので，生態学で第 1 次生産者と呼ばれる植物を食料として成長し，それを，食物連鎖の最上位にあるわれわれ人類が栄養源として消費している．そのため，太陽エネルギーの転換効率から見た動物タンパク質のエネルギー効率

は，きわめて低い．また，干ばつや冷害で植物の生産が低下すると，消費者である動物は壊滅的な被害を受けやすい．もしも，食物連鎖の中で，植物とわれわれ人間との中間に位置する動物に光合成を行わせることができれば，単にエネルギー効率の点で有利で，生産性の向上に貢献できるだけでなく，砂漠や寒冷地など，植物の生育が困難であったり，不可能である場所ですら，魚や家畜を飼うことができるようになるだろう．

　1980年頃に中国北京の発生生物学研究所の所長であったヤン・シャオイ（Yan Shaoyi）は，下等脊椎動物の核移植で国際的に著名な研究者であったが，かつて来日した折に，魚類に光合成を行わせることを夢見て，魚の卵に葉緑体を顕微注入することを試みた話をしておられた．この実験は，東京大学理学部の動物学教室に留学していたウー・シャンキン（Wu Shangqin：当時中国海洋研究所）との共同実験であったとのことで，ウーから聞いた話のほうを記憶している方もあるかもしれない．両博士が来日した頃には，葉緑体の形成に植物細胞の核にある遺伝子（たとえば，リブロース-1,5-ジリン酸カルボキシラーゼの小サブユニットをコードする遺伝子．大サブユニットは葉緑体でつくられる）の機能が必要であることがすでにわかっており，実験が成功するはずのないことは明白だったので，おそらくかなり以前に行った実験だったと思われるが，ヤン博士の，「注入後，しばらくの間，淡黄色の魚卵の中で，緑色の葉緑体がとても美しく見えた」という話が強く印象に残っている．

　動物細胞に葉緑体を形成させたり，維持するのは，進歩した生物工学技術を用いてもかなり難しいと思われる．しかし，原生生物（Protista）のゾウリムシの中には，ミドリゾウリムシ（*Paramecium bursaria*）のように，本来光合成機能をもたない「動物」であるが，細胞内共生によって細胞質の中に藻類であるクロレラ（*Chlorella*）を多数もち，光合成を行っているものもあるから，まったく不可能なことではないだろう（図2.1）．ミドリゾウリムシ内のクロレラは分離して培養することができ，クロレラの種とホス

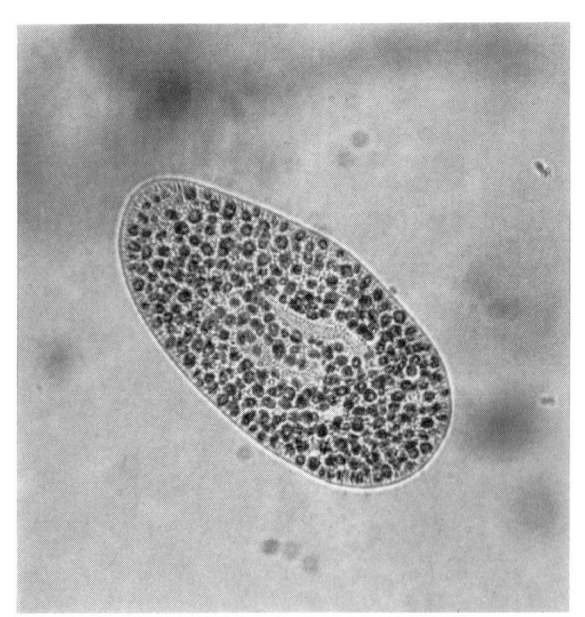

**図 2.1 ミドリゾウリムシの顕微鏡写真**
細胞質の中で顆粒状に見える構造が共生しているクロレラである．
（新潟大学理学部 武田 宏教授提供）

トとなるミドリゾウリムシの間に，一定の特異的な関係があることが，新潟大学のグループによって明らかにされている．このような性質の分子機構を明らかにして，それをうまく利用することができれば，哺乳類の細胞の中で消化されずに共生関係を確立することのできるクロレラをつくることも，まんざらできない相談でもないだろう．

共生生物を開発したり，葉緑体をつくらせたりするのは難しくても，たとえば光合成細菌や藍藻のような色素体をもたずに光合成を行う生物から，適当な遺伝子群を動物細胞に導入すれば，赤血球がつくるヘモグロビンのヘムのポルフィリン核と，葉緑素のポルフィリン核は基本的に類似しているので，葉緑素をつくらせて低効率ながら光合成を行うことが可能になるかもしれない．

クロロフィルは，動物のヘモグロビンやチトクロームに結合するヘムと呼ばれる補欠分子団と似た構造をもち，4個のピロール環が

結合して環状になったポルフィリン化合物で，いずれもプロトポルフィリンIXから合成される（図2.2）．最近，ポルフィリン核に鉄を結合させてヘムになるか，マグネシウムを結合させてクロロフィルになるかを決める，合成経路の分岐部分の酵素機構が解明されはじめた（図2.2）．フェロキラターゼ（ferrochelatase）およびマグネシウムキラターゼ（magnesium chelatase）とそれぞれ名づけられた酵素のうち，マグネシウムキラターゼをコードする遺伝子をバ

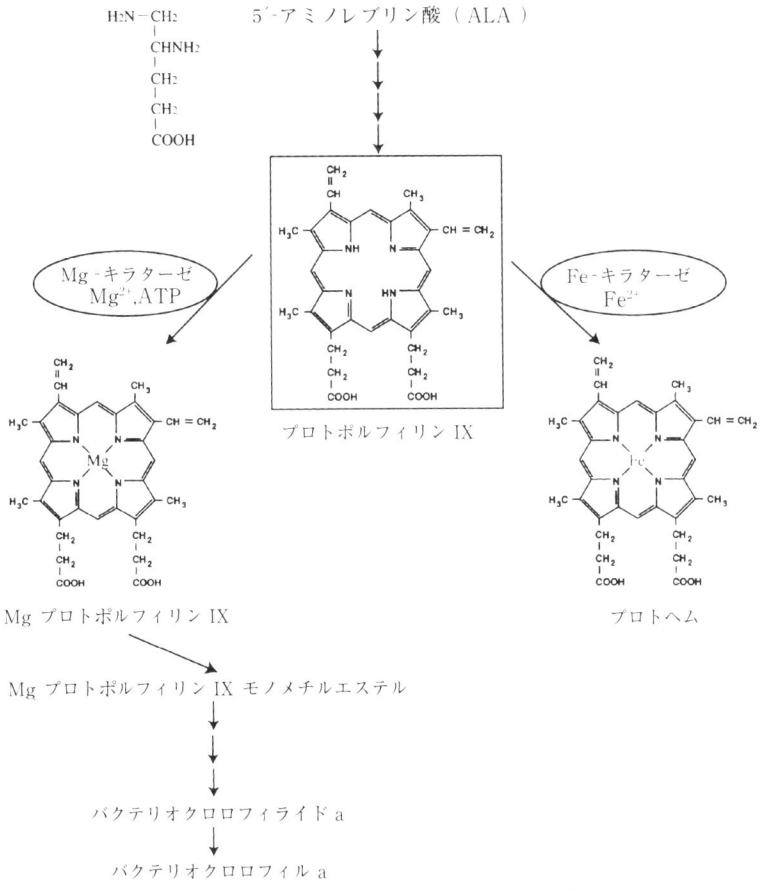

図 2.2 クロロフィルとヘムの合成経路を示す模式図
Mgキラターゼがはたらいてポルフィリン核にMgを結合させればクロロフィルに，FeキラターゼがはたらいてFeを結合させればヘムになる．（図は永田武史による）

1 光合成をする動物 ◆15

クテリアに導入する試みが，アメリカやイギリスの研究者たちによって行われた．この酵素は3個のサブユニットから成る複雑な構造をもつが，それぞれのサブユニットをコードする遺伝子を導入して，マグネシウムキラターゼとして機能する酵素が発現したことが確認されている．したがって，同じように動物細胞にこれらの遺伝子を導入して，クロロフィルの合成経路を構築することもあながちまったくの夢物語ではなくなってきた．導入する際の遺伝子群を，適当なプロモーターやエンハンサーで加工しておけば，それらの遺伝子が動物の皮膚の細胞でだけ発現するような工夫をすることも，できない相談ではなさそうである．魚類の細胞を使えば，かつてヤン博士らが夢見たような魚をつくることも可能になるかもしれない．われわれの研究室でも，永田岳史（現全薬工業）をはじめ熱心な学生諸君を中心に，この問題に取り組みはじめたところである．

　光合成では炭水化物しか合成できないから，独立栄養生物としての動物をつくるには，窒素の固定を行わせることも必要であろう．土壌中の窒素固定細菌と窒素固定に必要な酵素・遺伝子群に関する研究はきわめて多く，長い歴史をもっている．実際，作物となる植物に遺伝子操作で根瘤バクテリアの遺伝子を導入して，窒素固定機能をもたせることは，遺伝子操作の可能性がおぼろげながら明らかになりはじめた1960年代からすでに論議されたり，実際に試みられたりした，いわば，バイオテクノロジーの古典的プロジェクトである．窒素固定に光は必要ないから，腸内細菌，たとえば，大腸菌に遺伝子操作でそのような能力をもたせることも考えられる．あるいは逆に，窒素固定細菌を腸内細菌として定着させることを試みる可能性もある．場合によってはこちらの方が早いかもしれない．

　実際，パプアニューギニアの民族では腸内細菌がアンモニアからタンパク質を合成していて，日常，低タンパク質の食事をとっているにもかかわらず，彼らがとても立派な体格をしているのは腸内細菌のおかげだという（光岡，1998）．また，ブタでも腸内細菌がアンモニアからタンパク質をつくっている証拠が報告されている．

動物が光合成をすることができるようになれば,地球上の生物のほとんどが独立栄養生物となって,地球の生物界に完全な平和が訪れる可能性も,単なる幻想ではないかもしれない.その上,万が一地球に酸素が不足しても,自前で供給できるので,生き残れそうだという,心強いおまけもつく.

## 2　セルロースを消化する動物

　第2次世界大戦の戦時中や戦後まもなくの頃,大多数の日本人は,ひどい食料不足に苦しんだ.そして多くの人たちが,ウシやヒツジのように,いわゆる雑草や樹木の葉を食料とすることができないかといろいろな試みを行ったが,もちろん成功はしなかった.その最大の理由は,われわれ人間の消化管がセルロースを分解する酵素であるセルラーゼをもっていないからである.一般に,セルラーゼはカビ類や多くの細菌,あるいは原生動物や高等植物の芽などで合成され分泌されることが知られているが,動物では,一部の無脊椎動物(軟体動物のカタツムリ,ホラガイ,節足動物のシロアリやフナクイムシなど)が例外的に合成能をもっていることが知られているだけである.

　哺乳類でもウシやウマなど反芻類と呼ばれる動物はセルロースを消化できるが,これらの動物の胃(第1胃,第2胃)には,セルラーゼを分泌するバクテリアや原生動物が非常に数多く共生していて,そのセルラーゼを使って,草や干し草のセルロースを分解しているので,自前で消化しているわけではないのである.木材を餌としている昆虫のシロアリも,消化管内の共生生物である *Trichonympha* 属の鞭毛虫が分泌するセルラーゼを使っていると長い間考えられていたが,横江靖郎(1964)(当時東京大学教養学部)は世界に先駆けてシロアリのセルラーゼは,シロアリ自身が分泌しているらしいことを見出した.最近,農水省の蚕糸・昆虫農業技術研究所のグループが,シロアリ自身がもつセルラーゼについて酵素の性

質や免疫組織学による分泌組織，さらに，遺伝子レベルの研究を行い，その存在を疑いないものとした．また，フナクイムシも，シロアリと同様，セルラーゼ遺伝子をもっていることが明らかにされている．

　これまでに，多くのバクテリアや植物のセルラーゼの遺伝子やcDNAの塩基配列が知られているので，その発現制御領域を改変した遺伝子コンストラクトを使って外来遺伝子導入を行い，形質転換動物（トランスジェニック動物）をつくることで，本来，セルラーゼを合成・分泌しない哺乳類の動物の胃にセルラーゼを分泌させることも，今のバイオテクノロジーで，原理的には比較的簡単にできるはずである．あるいは，すでに試みている研究者たちがいるのかもしれない．

　現在，反芻類（ウシ，ヒツジ，ヤギ）はわれわれが食用にしている家畜の大きな部分を占めているから，これらの家畜の胃にセルラーゼを分泌させれば，消化の効率を上げ，成長を早めることができるかもしれない．また，ブタのような反芻類以外の家畜の胃や腸にセルラーゼをつくらせれば，餌からのエネルギー転換効率を大幅に上げることができるだろう．そして，世界全体がかつての日本のような深刻な食料不足に陥り，人類がすべての利用可能な光合成産物，すなわち，第1次生産者を直接，できる限り効率よく栄養源として用いる必要が生じたときには，同じような「革命」を人類に適用する可能性が検討される時代も，ひょっとすると来るかもしれないのである．このような予測が，荒唐無稽であることを切に希望するが，およそ100年後の21世紀の終末がどのような時代になっているのか，はっきりと見定めることは難しい．第2次世界大戦の戦中・戦後に厳しい食料事情を体験した人々にとっては，このような「革命」もあながち荒唐無稽と言いきれない，むしろ理想郷のできごとのようにみえるところが恐ろしいのである．

## ● 3　寄生虫フリーの家畜

　野生動物はもちろん，よく管理された家畜やペットのような飼育動物も，そのからだの内や外をさまざまな寄生虫に侵されている．むしろ，まったく寄生虫に侵されていない動物はないといっても言いすぎではないくらいである．これらの寄生虫が家畜の生産にどれくらい影響しているかを正確に推定するのは難しいが，決して軽視できない影響のあることがさまざまな統計で報告されている．

　一口に寄生虫と言っても，その種類はきわめて多い．哺乳類に寄生する動物として代表的な寄生虫学の教科書に挙げられているものだけでも，原生動物，扁形動物，袋形動物（古い分類体系の線形動物，鉤頭動物が含まれる），節足動物などの各門にわたって，優に1500種におよぶ．もちろん，これらすべての寄生虫の影響について調査するのは不可能なことだが，節足動物の外部寄生虫である昆虫（カ，ブヨ，アブなど）やクモ類（ダニなど）については，かなり多くの調査結果が報告されている．たとえば，アメリカで1981年に行われた調査によると，これら外部寄生性の動物による年間の経済的損失は，ウシで23億ドル，ヒツジおよびヤギで5500万ドル，ブタで2億4000万ドルと推定され，また，家禽（ニワトリ，シチメンチョウ，アヒルなど）では5億ドルと，経済的損失の総額は約31億ドル（日本円に換算して約3500億円）におよぶ．家畜の衛生管理のいきとどいたアメリカでこの値であるから，世界の有蹄類家畜の2/3が飼われているといわれるアフリカやアジアでの損失は，非常に巨額なものになるであろう．しかも，これらの地域の多くが貧困や飢えに苦しみ，少しでも食料の生産性を向上させることが望まれているところである．

　少し，具体的に被害の内容を見てみよう．1962年にアメリカのテキサス州とルイジアナ州で起こった，ヤブカの一種（*Aedes sollicitan*）の大量発生は，ウシの失血による死亡や，繁殖率の低下を招き，当時の価格で43万ドルの被害をもたらしたという．これは

ど極端でなくても，カによる吸血が家畜の摂食を妨げ，体重増加の障害となることが実験的に証明されている．

家畜にはつきもののようにみえる「ハエ」には，幼虫が家畜の皮下に寄生するウマバエ，ウシバエやカワモグリバエなどの仲間から，イエバエやクロバエなどのように，単に家畜の顔やからだにとまったり，まとわりついたりするだけのものがあるが，これらのハエの影響で牛乳の生産や体重増加が10％近く低下することを示す実験結果が報告されている．やっかいなことに，これらの昆虫を取り除く目的で殺虫剤をまくと，殺虫剤の種類や頻度にもよるようだが，乳量や体重増加がかえって減少する場合のあることも知られている．また，散布した殺虫剤が肉やミルクに残留する問題も見過ごせない．

ダニは家畜の皮膚に寄生する最も一般的な外部寄生虫の一つであるが，その被害もかなり深刻である．アメリカでの調査によれば，ダニ害によって生じた皮革の質の低下による損害は，年間500万ドルに達するであろうという．また，ダニの寄生した乳牛のミルク生産量は，ダニを駆除した個体に比べて30％近く低下し，体重増加も40％減少したという報告もある．

応用動物科学の知識や技術で，カやハエを死滅させたり近づかないようにする家畜や，ダニやノミが寄生しない家畜やペットをつくりだすことができれば，単に生産性が上がるだけでなく，これらの寄生生物の中には人間に悪影響をおよぼすものも多いから，人類の健康にも貢献することができるだろう．植物では，実際に害虫のつかない野菜や穀類が開発されていて，実用化しているが，その是非をめぐる議論の社会的コンセンサスは十分に得られていない．安全性の問題には十分な研究と配慮が必要なことは言うまでもないが，一方で，あまり神経質になりすぎても，飽食した人たちの身勝手であると受け止められて，世界の流れから取り残されることになりかねない．安全性の問題もさることながら，これらの野菜や穀物の特許をもつ会社に世界の農業が支配され，場合によっては国全体の農

業が一部の巨大企業の下請化して破壊される可能性が懸念され，むしろこのことが安全性以上に重要な問題であろう．この点では，日本も決して安心してはいられない．将来には，農業生産物の特許の管理について国際的な議論が必要になるだろう．

　ところで，家畜で，ダニやノミの寄生しない新しい品種を開発することは可能なのであろうか．もとより簡単なことではないが，原理的に不可能ではなく，実際に試みられているものもある．たとえば，オーストラリアの研究者たちが，ヒツジの外部寄生虫である昆虫を防除する目的で，昆虫の外部骨格の成分として重要なキチンを分解するキチナーゼを発現したトランスジェニックマウスを作出する試みを行ったことが報じられている．実用化に至る成果の報告は見当たらないので，予期された成果が挙がらなかったのだろう．実際のところ，殺虫効果を発揮するほどの濃度で，キチナーゼを血中に発現させることは，現在の技術でもかなり難しそうである．

　一方，昆虫やダニの仲間に特異的に感染して死滅させたり生殖障害を起こすようなウイルスで，哺乳類には影響を与えないものを，遺伝子導入の技術で血液中に発現させた家畜をつくり，吸血した昆虫やダニを駆除する方法も考えられる．この場合には，ウイルスの血中濃度が低くても，吸血した動物の体内でウイルスが増殖すれば，十分に目的を達成することができ，この点が大きなメリットになる．わざわざ宿主の血液に発現させなくても，ウイルスを散布すればよいともいえるが，害虫でない他の昆虫や節足動物に影響を与える可能性があり，新たな環境問題を生みそうである．宿主動物の血液に発現させれば，吸血する特定の外部寄生虫だけを対象とすることができる．

　それでは，カやブヨ，ノミ，シラミなど多種にわたる吸血昆虫やダニ類に共通して有効なウイルスを見出すことができるだろうか．ウイルスではないが，節足動物を宿主とするウォルバキア（*Wolbachia*）と呼ばれる細胞内共生を行う微生物で，宿主の生殖能力を阻害するものが知られている．害虫駆除の観点からも研究が行われ

ているので，その遺伝子機構を利用することが可能かもしれない．ただし，無害とはいってもウイルスや細胞内共生生物の遺伝子を発現させるわけであるから，動物を何代も継代しているうちに突然変異を起こし，家畜やヒトを含む哺乳類にも有害なものに変わる可能性も否定できない．また，効果がはっきりと現れるまでにかなりの時間が必要なことも欠点の一つといえよう．

　家畜の血液の中に昆虫やダニ類のペプチドホルモンを生産させて，吸血した昆虫の卵の成熟や産卵を妨げることも，有力な可能性の一つであろう．ウサギにつくノミでは，ノミの成熟や生殖周期が宿主であるウサギのステロイドホルモンに依存していることが，イギリスのロスチャイルド（M. Rothschild）ら（1972）によって示されている（イギリスの富豪ロスチャイルド家の一族で，広大な邸宅に住み，自分の庭にいる野生のウサギで研究した）．ステロイドホルモンのように哺乳類に対して生理作用をもつ物質はもちろん使うことができないが，昆虫に特異的なホルモンや，害虫の生殖行動を乱したり忌避行動を起こしたりするフェロモンであれば，もちろん使うことができる．ただし，脂質やアルカロイドのような低分子物質の場合は，ペプチドやタンパク質と違って，かなり多数の酵素群をコードする遺伝子とその制御領域を導入する必要があるし，発現させた酵素系が家畜の生理機能に影響を与えないことが大前提になる．最近，非常に大きなDNAの断片や，染色体を人工的に導入した動物をつくることが可能になりはじめている．たとえば，ヒトのIgGに関連する多数の遺伝子をもつ染色体を導入された形質転換マウスがつくられ，導入された染色体が機能してヒトIgGが生産されることが確かめられている．植物には，さまざまな昆虫ホルモンや，昆虫忌避物質，あるいは殺虫効果のある物質が含まれているから，植物の遺伝子を染色体レベルで動物細胞に導入して，このような物質を生産する動物を開発することも決して夢物語ではないだろう．

　1959年にドイツの化学者ブーテナント（A. F. J. Butenandt）

が，90万匹のカイコガの雌から，超微量（当時は数分子で効果があると言われた．現在では，もっと多数の分子の存在が必要であることが明らかにされているが，きわめて微量で有効であることに変わりはない）で雄を誘引する物質を精製・同定した．ブーテナントが用いた多量のカイコガの材料は，昆虫ホルモン研究の世界的な先駆者の1人として著名であった福田宗一によって日本から送られた．このような誘引物質は，フェロモンと名づけられ，その後，類似の物質がさまざまな昆虫で相次いで同定された．フェロモンの研究が進むとともに，フェロモンを公害の少ない「夢の農薬」として用いることが試みられるようになり，わが国では小川欽也（信越化学）らの努力によって，昆虫フェロモンは農薬として実用化された．被害を受ける動物そのものに忌避物質や防除物質をつくらせようという，次の夢もいつか現実になるかもしれない．

　カのような吸血昆虫やダニ類は，吸血する際に凝血を妨げる物質を唾液とともに宿主の吸血部位に送り込むのが一般的である．もしも，宿主動物の血液中に，これらの物質や唾液成分に対する抗体や拮抗物質を発現させておけば，吸血を妨げ，結果として生殖を妨げることができる可能性もある．場合によっては，吸血昆虫の消化管内の酵素や，他のタンパク質に対する抗体を使うことも可能であろう．あるいは，凝血を妨げる物質をつくる遺伝子に突然変異を導入して機能を失わせた雄を繰り返し大量に環境に放せば，子孫として生まれる雌に，吸血して繁殖できなくなる個体が代を重ねるごとに増えて，時間はかかるが次第に駆除することもできるだろう．

　一方，ウシの実験では，品種によってカの被害の程度が異なることも報告されている．この場合，家畜が忌避物質をもっているのかどうかはっきりしていないが，もし，そのような物質が同定されれば，その生産を高めることで害虫の忌避効果を得ることができるはずである．

　からだの中に眼を向けてみよう．ほとんどすべての動物で，消化管の内部（生物学的には消化管の内部は「体外」だが，日常的な意

味として「からだの中」である）や組織の中にさまざまな生物が寄生したり共生したりしている．特に消化管には，共生生物も，寄生生物も非常に多い．共生生物については後に触れるとして，消化管内部に寄生する動物としては，ヒトでは，扁形動物（条虫類），袋形動物（回虫，蟯虫，十二指腸虫）に多くの例があるし，イヌ，ネコなどの伴侶動物，ウマ，ウシ，ブタ，家禽などの家畜にもそれぞれ，数多くの扁形動物や袋形動物に属する寄生虫が知られている．

　これらの寄生虫に対する宿主の抵抗性（寄生虫の側から言えば住みにくさということになる）は，宿主の免疫反応をはじめ，多くの要因に支配されていてその仕組みはまだ十分に明らかにされていない．しかし，マウスを用いた実験では，袋形動物の寄生率が系統によって異なり，抵抗性の機構が H-2 と呼ばれる組織適合性抗原の型（ハプロタイプ）に関連していることが明らかにされている．また，ウシやヒツジ，ヤギの第4胃に寄生する袋形動物の一種ネンテンカイチュウの感染率は，ヒツジの品種によって大きな差があること，また，同じ品種の中でもヘモグロビンの型によって感染率が違うことがよく知られている．このような抵抗性の遺伝子レベルや分子・細胞レベルの機構が明らかにされれば，育種や遺伝子導入の技術で，寄生虫に強い家畜の品種を開発することができるだろう．

## 4　素晴らしい共生生物

　ヒトの消化管の中には，大腸菌やビフィズス菌など，日常なじみの深いものを含めて総計27菌属，101種以上（光岡，1990）が腸内細菌として共生しており，その総数となると文字どおり天文学的で，成人1人当たり約100兆個と言われている．これだけの数の生物が，からだの中（先にも述べたように，普通の表現としての「中」である）に住んでいるのであるから，われわれの健康に影響をおよぼすのは，むしろ当然であろう．腸内細菌の種類をコントロールして「善玉菌」を増やすことが健康維持に役立つことは，健康

食品の広告などでおなじみである．

　反芻類では，食物として摂取した植物繊維やその他の成分を第1胃で発酵させ，その生成物を実際の栄養として利用している．発酵工場として機能する第1胃には，非常に多くの細菌や原生動物が共生していて，これらの消化管内細菌は，単にエネルギー源の供給に寄与しているだけでなく，さまざまな生理活性物質やビタミンをつくっている．たとえば，ビタミンB群の多くが腸内細菌でつくられ，その大部分は吸収されないまま糞中に廃棄されてしまうが，一部は吸収されて宿主である動物やヒトのビタミン供給を補っている．普通の人が食物の肉から摂取しているビタミン$B_{12}$は，菜食主義者では不足するはずであるが，これらの人たちの小腸には，ビタミン$B_{12}$を合成する特別な細菌叢があって，動物の肉を食べなくても必要量を十分まかなえる量が合成・吸収されていることが知られている．

　経口的に生きた微生物や，特定の微生物の増殖を促進したり抑制したりする物質を摂取して，腸内細菌叢のバランスを調節し，宿主の栄養状態や健康に有益な影響をもたらすような変化を起こさせること，あるいは，そのような微生物や物質のことをプロバイオティクスといって，すでにさまざまな研究が実用化に向けて行われている．現在のところ，DNA組換えによる遺伝子操作をほどこした微生物や原生動物をヒトや動物にプロバイオティクスとして与えることは，組換えDNAの安全性についての規制や市民感情の点できわめて難しいが，安全性が確認された組換え生物については，次第に規制が緩和される方向にあるので，将来には，このような微生物をヒトや家畜に与えて消化管内の共生生物として利用することも可能になるだろう．むしろ，そのようなことが当たり前の時代が来るかもしれない．

　たとえば，日本人に不足しがちなビタミンCを小腸内に定住した細菌につくらせることができれば，食物からビタミンCを摂取する必要はなくなる．同じ哺乳類でも，ラットやイヌ，ウサギな

ど，日常の生存に必要な量のビタミンCを体内で合成することができる動物は多いのだから，腸内細菌につくらせて補給しても，特に障害となることはなさそうである．ビタミンBやEなどについても，同じようなことがいえる．また，制ガン効果のある物質や，動脈硬化の防護物質なども腸内細菌につくらせてみたいものの有力候補である．

　一方，もしも消化管内の共生生物に，寄生虫の繁殖や成長を抑制する物質をつくらせることができれば，特に家畜では，有効な寄生虫の防除法になることが期待される．人類でも，開発途上国で医療のいきとどかない地域では，有効な寄生虫駆除の手段になるだろう．ただし，いつもそのような物質を発現させていたのでは宿主側にも生理的な影響の出ることが懸念されるし，耐性をもった寄生虫の出現も予測されるから，必要なときにだけ合成させるために，合成経路内でキーとなる酵素をコードする遺伝子を，外部から安価な物質で誘導できるようなプロモーターに結合しておいて，必要なときにだけ餌や食事に誘導物質を加えて有効物質を合成させるようにしたい．さらにもう一歩進めれば，正常の大腸菌や乳酸菌にO157や赤痢菌，コレラ菌など，病原菌の細胞表面物質や分泌される毒素を検出して，これらの病原菌の増殖を特異的に抑制する機能をもたせることも原理的には不可能でないように思われる．

　ところで，長い間宿主と相互作用を続けながら進化してきた寄生虫は，必ずしも宿主に有害であるばかりとは限らず，宿主にとってメリットになる要素もあるらしい．いわば，共生の要素をもった寄生と言うことができるかもしれない．たとえば，藤田紘一郎（東京医科歯科大学）の仮説によると，回虫の分泌する物質が宿主であるヒトの免疫系に作用することで，アレルギー反応，たとえば，花粉症が抑制されている可能性があるという．藤田らは，実際に寄生虫からマウスの免疫系を抑制する効果のあるタンパク質の抽出に成功したが，このタンパク質を注射されたマウスでは，発ガン率が高まったという．また，美容上，やせる目的で，条虫（サナダムシ）の

卵をわざわざ服用して，意図的に寄生させることもファッションモデルなどの間で実際に行われているらしい．動物工学の手法で，寄生虫を共生動物として積極的に宿主のメリットになるように改良して利用することも考えられるが，デメリットよりもメリットを大きくするのは，今のところかなり難しそうである．少なくとも「変なムシがお腹の中にいるのは，気持ちが悪い」というのは，もっともなことだと言わざるをえない．

# 3 ボディー革命

## ● 1 ボディー・サイズ

　一口に動物といっても，原生動物（Protozoa）と呼ばれている原生生物（Protista）の仲間（アメーバやゾウリムシなど）から哺乳類まで，からだの構造や大きさはさまざまである．単細胞の原生動物では，1個体の大きさは数 $\mu$m から数十 $\mu$m であり，一方，現在地球上に住んでいる最大の動物であるシロナガスクジラは，体長30 m，推定体重 160 t にもおよぶ．クジラと同じ哺乳類でもトガリネズミ類では，日本の北海道に生息するトウキョウトガリネズミ（北海道にいるのに，なぜトウキョウなのかについては翔んでいる解剖学者，養老孟司教授に聞いて下さい）が，体重約 1.7 g，体長は尻尾も入れて約 4.5 cm で，世界で最小の哺乳類の有力候補である．また，群体をつくり，個体性がはっきりしないカイメン類やサンゴ類のような動物では，たとえば珊瑚礁のように，しばしばきわめて巨大な群体が形成される．

　このように地球上の生物は，ミクロのレベルから，10 t 積の大型トラック 16 台分にもなる大きさのものまで，さまざまなからだの大きさをもっているが，面白いことに，少なくとも個体性の明確な動物では，そのからだの大きさの範囲は種によって大体決まっている．たとえば，ブタのようなヒキガエル，あるいは，ゾウのような

マウスは，今のところ記載がない．逆に，小犬や貯金箱ほどの大きさのブタやウシ，マウスのようなゾウやサイの存在も知られていない．ブタではミニブタと呼ばれる多くの系統がつくられているが，ミニといっても，成獣は 40～60 kg ほどもあって，かなりの大きさである．1991 年頃であったと思うが，写真週刊誌にミニチュア化したクジラを水槽で飼育している人のことが記事になっていた．しかし，これは結局合成写真で，外国のジャーナリズムの手の込んだジョークに日本のマスコミがひっかかったものであったことが明らかにされている．昔から，魚類は無制限に成長可能だと，少なくとも一部の生物学者は主張しているが，からだの大きさがマグロのようなメダカや，サメのようなグッピーがいるという話も聞かない．

もしも，ラットやマウスほどの大きさにミニチュア化したブタやウシができれば，家畜の生理学の研究や品種の改良にずいぶん役立つだろう．たとえば，ウイルスや細菌による感染に強い抵抗性をもつブタやウシの品種の開発をしようとしても，大動物を用いた感染実験には多額のコストをかけた巨大な施設と，大がかりな感染予防措置が必要で，事実上ほとんど不可能に近いのが現状である．同じように，トランスジェニック技術を用いて有用形質を備えた家畜をつくろうと試みても，大型のトランスジェニック動物を飼育・管理する設備は費用がかさみ，マウスやラットで行われているように多数の動物を使って，遺伝子や，その制御領域の特性や発現能を実験的に確かめたり，発現形質の異なる系統をいくつも樹立して，その中から目的によりよく合致したものを選抜したりすることは非常に難しい．これまで広く用いられている受精卵の前核に DNA を顕微注入する方法で導入したトランスジーンは，導入される部位が特定されない非相同組換え（non-homologous recombination）でゲノムに組み込まれるため，染色体上の位置が個体ごとに異なり，また，導入された遺伝子の発現が，その周辺の遺伝子によって影響を受ける現象，すなわち，遺伝子発現の位置効果（positional effect）によって表現型が変わるので，選抜の過程が欠かせないのである．

ターゲティングによる遺伝子破壊（遺伝子ノックアウト）や，特定の遺伝子を染色体の特定の位置に導入する遺伝子ノックインの場合には，あらかじめマウスで表現型を確かめ，予測に基づいて大動物で実験を行うことが可能であろう．しかし，染色体上の遺伝子の配置や，組合せ（シンテニー，synteny，と呼ばれる）は動物種によってかなり違うので，高次構造や位置効果の影響で，相同な遺伝子をノックアウトまたはノックインしても，マウスと他の哺乳類の動物種では表現型の異なることが十分に予想される．それに加えて，一般に，ノックアウトやノックインによる効果を明確な表現型として得るためには，操作された遺伝子をホモにもつ子孫を，掛合せによって得る必要があるので，たとえ表現型がマウスと同じだとしても，かなりの個体数を飼育・管理することが不可欠になる．一方で，こうして作出された動物の大部分は市場価値がないものであると予想されるから，たまたま産業的にメリットのある動物が得られたとしても，その積算されたコストは膨大なものとなって実用化の大きな妨げとなるだろう．

　ブタやウシなど，産業的に重要な大動物をマウスやラット，あるいは，せめて中型犬程度の大きさにミニチュア化できれば，遺伝子操作を利用した新しい育種や有用動物の開発，あるいは，バイオテクノロジーによる絶滅種の復元や，希少種の保護・増殖の研究に，モデルとしてずいぶん役立つはずである．

　もう一段の工夫を凝らせば，実験・開発段階ではミニチュア化した動物を使い，その中で実用化が望まれるものを大動物として発生・成長させることも不可能ではないかもしれない．プロモーターを含む遺伝子制御領域の中には，細胞外から発現の誘導が可能なものも多数知られているから，そのような制御領域を使えば，必要なときに元の大きさにもどした動物を得ることも，できない相談ではなさそうである．

　一体，動物の種に固有なからだの大きさや，からだの各部分の比率は，どのようにして決まるのであろうか．だいぶ前のことになる

が，イギリスの生物学者ファルコーナー（D. S. Falconer）は，博士論文のテーマとして，その師であるワディントン（C. H. Waddington）から，マウスを従来の育種学の方法で繰り返し掛け合わせて，大きなマウスの系統と小さなマウスの系統を確立し，それぞれ，どれくらい大きなマウス，あるいは，小さなマウスが得られるかを検証する研究テーマを与えられた．彼は，ブタのようなマウスが作出できることを本気で夢見て，実験に取り組んだという（これは，ワディントン教授のところに留学しておられた岡田節人教授からうかがった話で，おそらく真実と思われるが，真偽の保証はない．岡田教授は「そんなマウスがでけたら猛獣でっせ」とコメントされたとのことであったが，多分，京都弁なまりのクイーンズイングリッシュだったのだろう）．ファルコーナーの楽観的な期待は裏切られ，確かに大きなマウスの系統と，小さなマウスの系統は確立できたのであるが，いずれも，あるところで頭打ちとなり，それ以上に小さなマウス，あるいは，大きなマウスを得ることはできなかった．後に，ファルコーナーは，からだの大きな系統のマウスと小さなマウスの初期胚を接着・凝集させてキメラマウスをつくり，それぞれの系統に由来する細胞の混合の比率に応じた中間の大きさのマウスができることを見出している．

伴侶動物のイヌでは，長期間にわたる育種の努力で，チワワ（体高15～23 cm，体重1～3 kg）のような小型の品種から，ドーベルマン（体高65～69 cm，体重30～40 kg）やセントバーナード（体高61～71 cm，体重50～91 kg）のような大型の品種まで，からだの大きさの異なる品種が固定されている．チワワとドーベルマンやセントバーナードでは，そのからだの大きさの違いから，直接交配して子孫を得ることは難しいので，事実上，生殖隔離の状態にあり，それぞれ異なる種であると言ってもよいほどである．

ウマは化石の研究から，かつて始新世紀（今から5400万年前から3700万年前までの間）の初期に，ヨーロッパや北米にいた，ヒラコテリウム（*Hyracotherium*）と呼ばれる体長約45 cmの小犬は

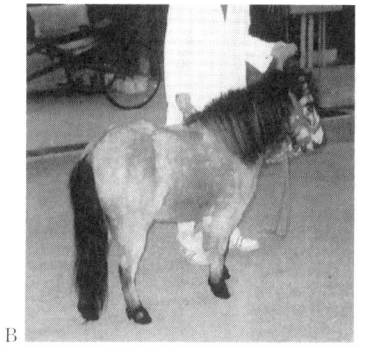

**図 3.1 大きさの異なるウマの品種**
A：ウマの原種とされるヒラコテリウム（スケールは 25 cm）．B：アメリカンミニチュアホース．C：サラブレッド．（馬の写真は馬事公苑で田谷与一苑長（撮影当時），山内龍洋診療所長（同）のご厚意により撮影）

　どの大きさの動物が起源であったことが知られている．それが自然環境での進化と，人類とかかわるようになってからは育種で，次第にからだの大きな品種が生まれたのである．一方では逆に，からだの大きな品種から，ポニーやミニチュアホースと呼ばれるからだの小さな品種もつくられている（図 3.1）．

　系統的に近縁な異種の動物の間で比較しても，たとえば，同じネズミ科の実験動物であるマウス（成体で約 20 g）とラット（成体で約 200 g）では体重が約 10 倍異なるが，からだの外見や構造だけでなく，発生過程も非常によく似ている．オランダのザイルメーカー（G. H. Zeilmaker）や，わが国の舘 澄江（東京女子医科大学）は，ラットとマウスの初期胚を接着させて異種間キメラとして発生させることを試み，いずれもキメラ胚盤胞を得るところまでは成功したが，それから先，着床させて胎児にすることはできていない（図 3.2）．

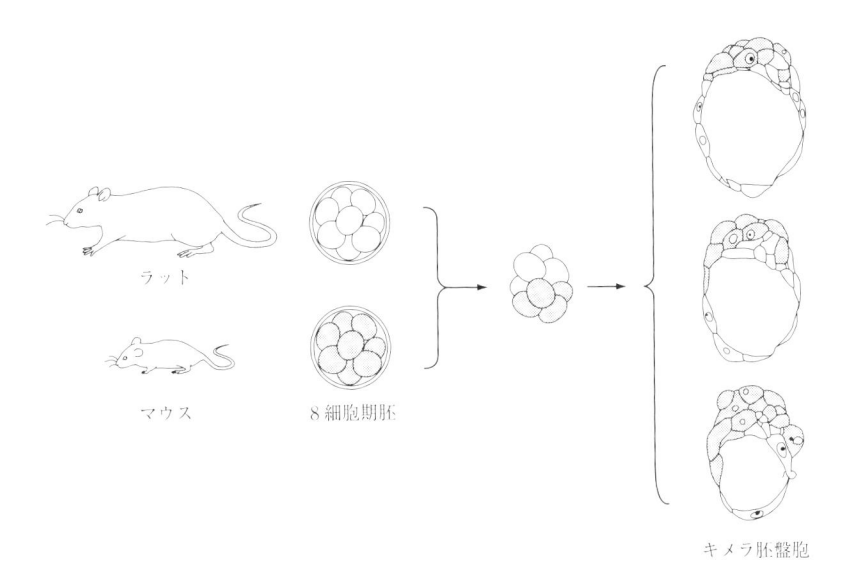

図 3.2 ラットとマウスの8細胞期胚を接着させて形成させたキメラ胚盤胞
(S.Tachi and C.Tachi, 1980 から改変)

　偶蹄類の中では，ジャワマメジカ(マメジカ科)（成体で約2 kg）とアジアスイギュウ（ウシ科）(成体で約1200 kg) とでは600 倍の違いがあるし，コビトカバ（カバ科）(成体で180〜280 kg) とカバ（カバ科）(成体で1400 kg〜3200 kg) でも10倍の開きがある．

　一体，動物種に固有のからだの大きさはどのようにして決められているのだろうか．成長ホルモンやその受容体の突然変異がからだの大きさを変えることは，ヒトを含む哺乳類をはじめ，多くの脊椎動物でよく知られている．ヒトでは侏儒症や巨人症がその例である．ヒトでは，成長ホルモンの受容体の突然変異をもち，体長や体重の小さな人が多い地域のあることも知られている．

　1982 年に，アメリカのパルミター (R. D. Palmiter) は，ブリンスター (R. L. Brinster) らとの共同研究で，ラットの成長ホルモン (GH) をコードする遺伝子をメタロチオネインと呼ばれるタンパク質のプロモーターにつないだ融合遺伝子をつくり（図 3.3），

これをマウス受精卵の前核に導入したトランスジェニック動物をつくりだすことに成功した．これらのマウスは，普通のマウスの2倍近い大きさになり，スーパーマウスと呼ばれて，研究者だけでなく一般の人々がトランスジェニック技術に関心をよせるきっかけとなった．この成果がすぐに，家畜の生産性の向上に応用可能であることは明らかであったので，その後，家畜で成長ホルモン（GH）を過剰発現させるさまざまな試みが行われたが，必ずしも予期されたような成果が挙がらず，実用化は進まなかった．

GHを過剰発現したトランスジェニック家畜に生じたさまざまな問題の中には，最初にパルミターらによって得られたトランスジェ

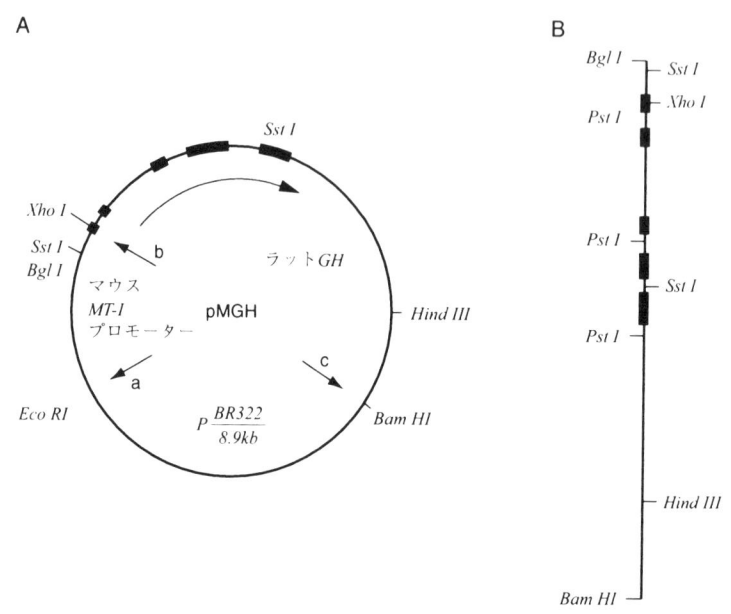

図 3.3 遺伝子コンストラクトの例
ラットの成長ホルモン（GH）をコードする遺伝子をメタロチオネイン（MT-I）プロモーターに結合した遺伝子コンストラクト．トランスジェニック動物をつくるための遺伝子コンストラクトの古典である．A：プラスミド，B：導入に用いられた直鎖状のDNA断片．現在は，プロモーターのほかに，エンハンサーや人工的イントロン，人工的 poly(A)シグナル，細胞内局在シグナル，インシュレーターなどを入れた複雑なコンストラクトが用いられている．特に，遺伝子にcDNAを用いたときには，このような工夫が必要である．(Palmiter et al., 1982)

ニックマウスの表現型の解析から，ある程度予測されたものもある．たとえば，これらのトランスジェニックマウスでは，血液中のラット GH の濃度は正常個体の GH 濃度の数百倍から約 1000 倍に達するにもかかわらず，体重や体長は最高でも 2 倍程度の増加にとどまっている．すなわち，外来遺伝子により GH を過剰発現させても，体重や体長の増加がそれに見合ったものにはならないのである．

　この原因にはさまざまな可能性が考えられるが，最も考えやすいのは，リガンドである GH と受容体のバランスの問題である．つまり，リガンドが増加しても，そのホルモンの受容体の発現量が決まっていれば，ホルモンの効果は一定のレベルで飽和してそれ以上の効果は望めないはずである．実際，GH を過剰発現したトランスジェニックヒツジについて，子ヒツジの時期から成長速度を調べてみると，対照である普通の子ヒツジにくらべて，ほとんど変わらないか，多少抑制される傾向さえ認められたという実験結果が報告されている．ヒツジでは，精製したウシまたはヒツジ由来の GH を子ヒツジに注射して与えても，成長速度にほとんど影響のないことが，早くから知られていたので，GH の血中濃度が成長の律速段階ではないことが，トランスジェニックヒツジの作出で改めて証明されたことになる．トランスジェニックブタでも同様の現象が知られている．すなわち，GH の過剰発現は必ずしも子ブタの成長速度を加速しないが，適当なトランスジェニックブタの系統を選抜していけば，成長速度が普通のブタよりも優れたものを得ることも可能だという．ブタ，ヒツジのいずれの場合も，成長速度に期待された顕著な影響はなかったが，肉質の点では，脂肪が少ないなどの改良が認められ，商業化する試みも行われている．

　近畿大学の入谷 明（当時京都大学農学部）らは，GH の mRNA に対するアンチセンス RNA を発現させたトランスジェニックラットを作出し，成長速度が普通のラットの 70〜85% に低下することを確かめた．しかし，単一のホルモンやその受容体遺伝子の変異に

基づくからだの大きさの変化は，それ以外にさまざまな生理学的な異常をともないやすく，また，変異も大きいので，種特異的なからだの大きさの違いのような，健康で，安定したからだの大きさの違いを説明することは難しい．実際，アメリカのレックスロード（C. E. Rexroad, Jr）らが作出したGH遺伝子を過剰発現したトランスジェニックヒツジは糖尿病を好発し，家畜としての有用性よりは，むしろ先天性の糖尿病の疾患モデルとしての利用が示唆された．

からだの大きさの変化をともなう突然変異にはGH，あるいは，その受容体をコードする遺伝子の突然変異に原因するものが多いが，マウスではGH/GH受容体系とは関係なく，からだの大きさを半分にするピグミー（*pygmy*）と呼ばれる突然変異遺伝子座が知られている．1944年に発見されたこの遺伝子座の本体である遺伝子は長いあいだ不明であったが，ようやく1995年になって，アメリカのゾー（X. Zhou）らによって，この遺伝子座の本体が*Hmgi-c*と呼ばれる遺伝子で，発生の初期に特異的に発現し，細胞周期の調節に関与する転写調節タンパク質をコードしていることが明らかにされた．われわれの研究室では，ヤギ*HMGI-C*遺伝子（遺伝子名はマウスでは2文字目以下を小文字，それ以外の動物ではすべて大文字で表記されることが多い）のcDNAを単離し，コード領域の全配列を決定した．またゲノムDNAで，第1エクソン部分を含む塩基配列を決定したので，原理的には，このDNA領域を用いて，ヤギの*HMGI-C*の遺伝子破壊を行えば，ミニチュアヤギができるはずである．

先にも述べたようにマウスでは，からだの大きさが大きな系統と，小さな系統とが固定されているが，両方を掛け合わせて，その$F_1$の出生後の成長速度を，初期（生後約2週齢まで），中期（生後約5週齢まで），後期（6週齢以降）とに分けて統計的に解析し，各期ごとに成長速度を支配している遺伝子座が，19本の常染色体中16本に，総計で27個，存在しているらしいことを示す結果が報告されている．つまり，動物の種に固有なからだの大きさは非常に

多くの遺伝子座が協調してはたらく結果として，決められているようなのである．

からだの大きさのような，数値で定量的に表される形質を支配している遺伝子座は，一般に，量的形質遺伝子座（quantitative traits loci ; QTL）と呼ばれ，その変異（連続変異）の機構については古くから多くの研究がなされているが，解析が難しく，なかなかその実体を明らかにすることができない．マウスでは，尻尾の長さを変える$T$遺伝子座が，QTLの手がかりを与える遺伝子として研究されたこともある．$T$遺伝子座は，その後，初期発生や生殖細胞の分化に重要な役割を果たしている遺伝子座であることが明らかにされたが，尻尾の長さとの関係はいまだに謎のままである．

すでに長い間の遺伝学的研究の歴史があるマウスでも，最近，ようやくからだの大きさに関する遺伝子座について，まとまった研究が行われはじめた．ヒトのゲノムプロジェクトをはじめ，今後，さまざまな動物でゲノムの構造が解明されるにつれて，からだの大きさのような複雑な形質の制御機構も次第に明らかになり，マウスやラットのような大きさの，家畜のモデル動物を開発して，ミニチュア牧場で先進的な育種の研究や新しい家畜の開発研究をすることが可能になる日もいずれ来るだろう．

## ● 2 ボディー・カラー

動物の世界を見渡すと，そのからだの色彩や，色彩の組合せによる模様はさまざまで，過激なものも少なくない．子供の頃につかまえたチョウや，水族館で見た熱帯魚やウミウシの仲間の美しい色彩や模様に魅せられた人は多いだろう．爬虫類や鳥類にも眼を見張る美しさのものがある．

これらの動物に比べると，人類を含む哺乳類の体色や被毛色はずいぶん地味で，模様も単純なものが多い．同じ爬虫類から進化したにもかかわらず，鳥類の方がはるかに多様な美しさを誇っている．

人類は皮膚の色により，白色人種（コーカソイド大人種），蒙古人種（モンゴロイド大人種），黒色人種（ニグロイド大人種）に大別される．模様はないので，メラニン色素の濃淡によるわずか3種類であるが，それでも多民族国家では皮膚の色による悲劇が絶えない．

　哺乳類の皮膚や被毛の色，あるいは色素による模様などは，よく目立つ形質なので，古くからその遺伝様式などが調べられているはずなのだが，マウスで系統的な研究があるほかは，意外にまとまった研究が少なく，また，ほとんどの問題が未解明のままである．わが国では，野沢 謙（当時京都大学）のネコの毛色や毛質の遺伝に関する研究があるが，ようやく入り口にたどり着いたところだといっても野沢先生にお叱りを受けることもないだろう．事実，そうだからである．

　われわれのグループでは井上 香（現三共製薬）がさまざまな哺乳類の被毛パターン，つまり模様を調べてみた．そうすると，動物の系統によって特徴的なパターンの分布があることがわかる．つまりファッションがあるのである．たとえば，偶蹄類や奇蹄類には横縞をもった動物が少なく，シマウマとクアッガ（*Equus quagga*）と呼ばれる絶滅したウマの一種ぐらいである．ところが，食肉目になると，横縞はかなりファッショナブルなパターンで，身近なところでは，トラ模様のネコがそうである．トラ模様というくらいだから，もちろん，トラも横縞である．シマウマの横縞もネコのトラ模様も，その形成機構は明らかにされていない．のんびり日向ぼっこをしているトラ猫もなかなかたいした毛皮を着ているのである．

　キリンの模様は，粘土が乾燥したときにできるひび割れの「割れ目」模様であると言われ，物理学者の寺田寅彦が，古くに提唱して，多くの論争を生んだ．キリンの模様は，おそらく，あの長い首をつくることに関係して生じたもので，類似した模様は，他の動物にはほとんど見られない．寺田によれば，キリンの茶色の部分だけを集めて，縫いぐるみをつくると，イヌのような動物ができ上がる

という．

　最近，哺乳類の被毛色や色素パターン形成の遺伝子機構が，少しずつ解明されてきたと言っても，まだまだ氷山の一角にも満たない程度である．先にあげた人類の皮膚の色についても，その遺伝子機構はほとんど解明されていない．遺伝子機構どころか，遺伝様式すら不明の点が多い．

　眠れない夜に，ヒツジを数えるとよいと言われて試した人もあるだろう．そのときに大部分の人が思い浮かべるヒツジは，おそらく白いに違いない．羊毛をとるのに使われるメリノーと呼ばれる毛色の白い品種がしばしばヒツジの代表になる．ヒツジの他の品種で普通に見かけるものの一つに，サフォークと呼ばれる品種があるが，顔は真っ黒で毛は薄い茶色である．眠れない夜にサフォークのヒツジを思い浮かべてみたが，落ち着かずますます眼が冴えた．もっとも私は白いヒツジを数えても，眠れないときには眠れない．なぜ，ヒツジを数えると眠れるというのか，わけがわからないと思い悩みはじめて，ますます眠れない．

　ヤギは生物学的にヒツジに非常に近いのだが，なぜかヤギを数えろとは言わない．しかし，もしも数えてみるとすれば，たぶん，やはり白いヤギになるだろう．ヒツジやヤギが白いというのは，それだけ，普通の知識ないしは先入観なのだということになる．

　ところで，白いヒツジやヤギの眼は何色かと聞かれて，赤と答える人は，まず，いないだろう．かなりの人が黒と答えるのではなかろうか．茶色や青と答えた人は，実際にヤギやヒツジを見たことのある人かもしれない．一方，白いハツカネズミ（マウス．実験動物としてのハツカネズミをマウスと言い慣わしている．ダイコクネズミとラットも同様の関係）やウサギの眼はと聞かれれば，ほとんどの人が自信をもって赤と答えるに違いない．なぜ，ヤギやヒツジのように，眼が黒くて被毛が白いハツカネズミやウサギがいないのか不思議に思ったことはないだろうか．

　ヤギやヒツジのように被毛が白で眼が黒色（ないしは褐色や青

色)の表現型は,優性黒眼白色と呼ばれ,被毛が白くて眼が赤いハツカネズミやウサギのようなアルビノと呼ばれる突然変異の表現型とは遺伝学的に違うものである.ヒツジやヤギ以外の家畜では,ブタで優性黒眼白色の品種がかなり一般的に普及している.ウシやスイギュウにも優性黒眼白色の個体があるが,ヤギやヒツジほどに普通の表現型ではなく,貧血や不妊などの症状をともなう場合のあることが報告されている.野生の動物でもホッキョクグマや,アメリカロッキー山脈に生息するシロイワヤギなど,種全体が優性黒眼白色形質をもつと考えられている動物もあるが,遺伝学的なデータも実験的な確証もほとんどない.

アルビノの遺伝子機構は,被毛色を支配するさまざまな遺伝子機構のなかで最も早くに解明されたものの一つで,チロシナーゼという,チロシンからメラニンの前駆物質をつくる酵素の突然変異であることが確かめられている.東北大学の竹内拓司と山本 博のもと

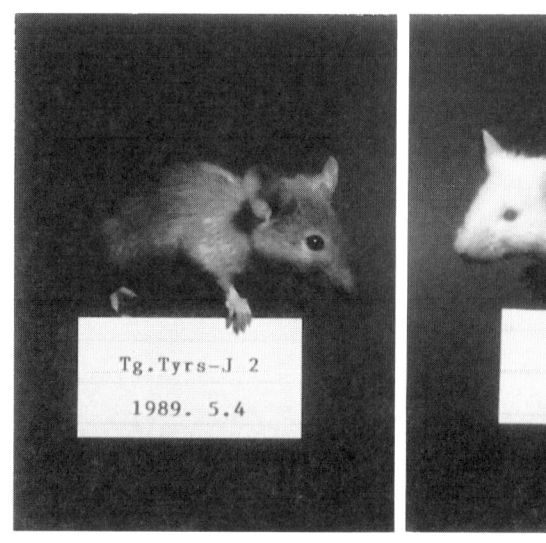

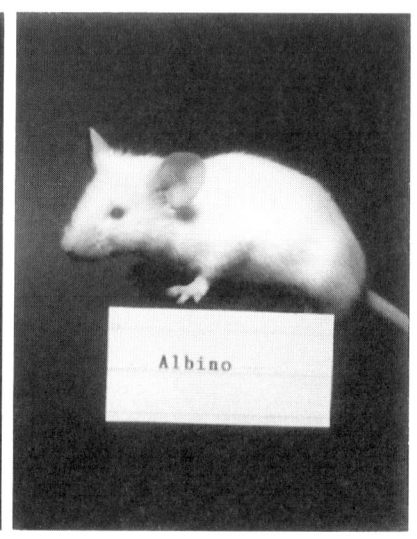

**図 3.4 トランスジェニックマウス**
チロシナーゼをコードする cDNA をチロシナーゼのプロモーターにつないだ遺伝子コンストラクトを,アルビノのマウス受精卵に導入して作成したトランスジェニックマウス.右:アルビノの非トランスジェニックマウス.左:トランスジェニックマウス.全身が茶褐色に着色している.(写真は東京大学田中 智博士提供)

で，田中 智（現東京大学）は，正常のチロシナーゼをコードするcDNAを，ゲノムから単離したチロシナーゼのプロモーターにつなぎ，この遺伝子コンストラクトをアルビノのマウス受精卵に導入したトランスジェニックマウスをつくることで，本来白色になるはずのマウスを，人工的に茶色の被毛をもつマウスに変化させることに成功した（図3.4）．田中らの実験はチロシナーゼの突然変異がアルビノの原因であることを，最終的に証明した実験としてよく知られている．

　一方，マウスでは，多数あるW遺伝子座やSl遺伝子座の突然変異が優性黒眼白色の表現型を示すが，その大部分はホモ接合で致死になる．これが，白いマウスの眼が黒くなれない理由である．しかし，WやSlの突然変異の一部に，ホモ接合でも生存可能で優性黒眼白色形質を示すものがあるので，これがヒトでの白色人種の皮膚の色や，他の哺乳類の優性黒眼白色形質のモデルであると一般に考えられている．ただし，マウスの場合には，たとえ生存可能であっても，わずかな例外を除き，ほとんどの場合，先天性の貧血症や生殖細胞の欠損による不妊症をともなっている．もちろん，白色人種や優性黒眼白色のヤギもヒツジも，きわめて健康であるから，簡単にこれらのマウスをモデルとした説明はできない．

　われわれは，田中 智や柳沢尚武（現森永乳業）を中心にシバヤギと呼ばれる小型のヤギの品種を用いて，W遺伝子座の本体である*Kit*遺伝子（ガン遺伝子の一つとして見出されたもので，*c-kit*と呼ばれることが多い）と，*Sl*遺伝子座の本体であり，KITタンパク質（*c-kit*によってコードされているタンパク質．チロシンキナーゼ活性をもつ受容体であることが知られている）のリガンドであるSCF（幹細胞因子，stem cell factor. 同義語が多く，マスト細胞成長因子，mast cell grown factor，とかkitリガンド，kit ligandとも呼ばれる．前者はMGF，後者はKLと略記される）と呼ばれるサイトカインをコードする*MGF*遺伝子（通称で*SCF*あるいは*KL*遺伝子とも呼ばれる）の両方から，優性黒眼白色の遺

伝子機構の解明を試みた．それぞれの遺伝子について面白い結果が得られたが，残念ながら優性黒眼白色の解明につながる手がかりは得られなかった．ところが，1999 年になって，スウェーデンの研究者のグループが，優性黒眼白色の表現型を示すブタで，*KIT* 遺伝子が 2 個重複していることが原因らしいことを示す事実を報告した．しかし，この突然変異と優性黒眼白色形質との関連も，まだ十分につけられていない．

　今のところ，優性黒眼白色の遺伝子機構がよくわからないので，この形質をもつヒツジやヤギを，遺伝子操作で有色の被毛をもった個体に変えることはできない．しかし，いったんその機構が明らかになれば，白いヒツジやヤギを黒くしたり，逆に，黒い動物を白くしたりすることもできるだろう．また，人間が年をとると白髪になる機構も今はまだ十分に明らかにされていないが，優性黒眼白色の機構解明が手がかりを与えるものと期待される．

　さらに，シマウマのようなヒツジや，金色に輝くヤギ，トラやヒョウのような模様をもったヒツジやヤギをつくることも不可能ではあるまい．野生動物の毛皮をコートや敷き皮として使うことには，動物の保護や愛護を目的とする団体が強く反対しているが，ヤギやヒツジ，ウシなどの家畜の毛皮や，皮革の利用に対する抵抗は少ない．色だけでなく，毛質も変える必要があるだろうが，家畜の毛皮で，希少種の毛皮の代替ができれば，密猟による無駄な殺戮も減るだろうし，牧畜を主産業とする発展途上国の人たちにとって新たな収入源になるかもしれない．

　また，極端なことを言うのが許されれば，遺伝子操作で人の肌の色を変えることもできない相談ではない．比較的均質な日本の社会では実感がわかないが，世界平和をめざす中で，人種による対立は最後まで残るという予測もある．肌の色についての偏見のない社会をつくるのが第一であるが，教育や啓蒙が無力で，悲劇や闘争を絶つことができないならば，科学の出番があってもよいだろう．

## ● 3　ネオ・ネオ・ホワイト革命

　もしもすべての人類が菜食主義者になるか，あるいは，先に述べたように，空中の窒素を固定したり，腸内細菌に必須アミノ酸をすべて合成させたりすることができるようになれば，他の動物を殺してその肉を食べる必要はなくなるだろう．動物の福祉の点からは，理想郷が出現する（畜産学専攻の学生には地獄である）．しかし，まだ当分の間は食物としての動物タンパク源，特に偶蹄類の家畜（ウシ，ブタ，ヒツジなど）や家禽（ニワトリ，シチメンチョウなど）の肉，すなわち食材としての筋肉の利用は欠くことができない（畜産学専攻の学生は安心してよい）．

　家畜の肉と並んで，世界的に動物タンパク源として重要な食材はミルクである．さまざまな動物のなかで，他の動物の乳を栄養源として用いるのは人類だけと言われているが，世界中の乳製品の生産量は，1996年の統計によれば4億6600万t，タンパク質に換算して約1350万tにおよぶ．ただし，これは統計が可能な国のデータをまとめたものだから，実際には，この値よりもかなり上まわるものと思われる．

　家畜の肉やミルクの生産性を高めるために，ホルモンを注射によって投与したり，飼料に混ぜたりすることが試みられてきた．しかし，注射や飼料添加物として与える方法では費用もかかり，煩雑なので，遺伝子導入によって体内で特定のホルモンを高レベルで分泌する動物を作出し，伝統的な育種の方法では何十年，あるいは，何世紀にもわたる長い時間のかかった超優良家畜や家禽の品種を，短期間で開発する試みが行われている．成長ホルモン（GH）遺伝子を導入したトランスジェニック動物については，すでに前章で述べた．

　しかし，スーパーマウスで示されたように，GHのレベルを上昇させても，その効果は期待されるほどには大きくない．その理由の一つとして，ホルモン受容体，またはそれ以降の細胞内シグナル伝

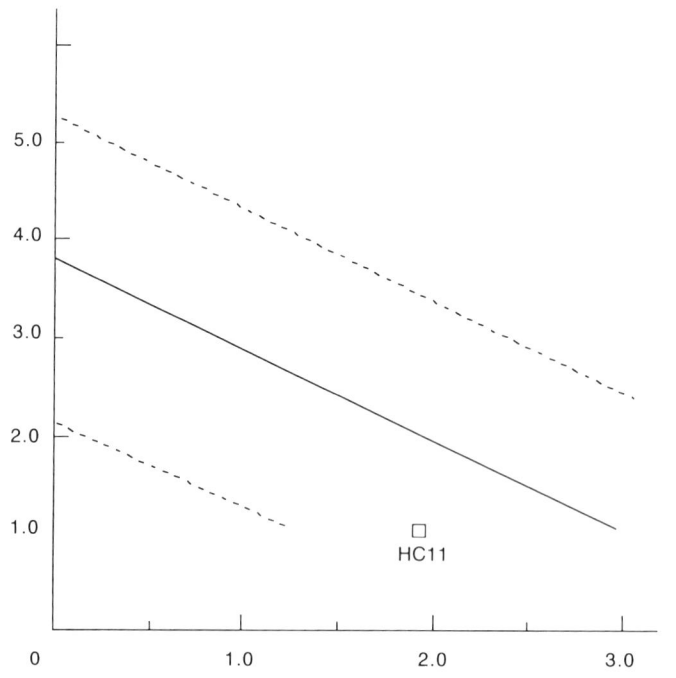

**図 3.5** プロラクチン受容体遺伝子の発現量と，プロラクチンによって誘導された
カゼイン遺伝子の発現レベルの関係

縦軸はプロラクチン受容体遺伝子の相対的発現量，横軸はカゼイン遺伝子の発現量を示す．いずれも任意の相対スケールで描いてある．実線は実際のデータの平均値から最小2乗法で求めた近似直線．点線は標準偏差を示す．□ HC 11 は遺伝子導入を行わない細胞の値を示す．(石島淳子, 1995)

達機構のレベルが律速段階になっていることが推測される．それでは，リガンドであるホルモン，たとえば成長ホルモンと同時に，成長ホルモン受容体の発現レベルを上昇させれば，より強い効果が望めるのだろうか．

　われわれの共同研究者であった，石島淳子（現国立遺伝学研究所）と川俣裕二（現武田薬品株式会社）は，HC 11 という，プロラクチン（PRL）に反応して培養器内でミルクの主要なタンパク質成分である $\beta$ カゼインを合成することのできる，マウスの培養乳腺上皮細胞株を用いて，PRL と PRL の受容体との関係につい

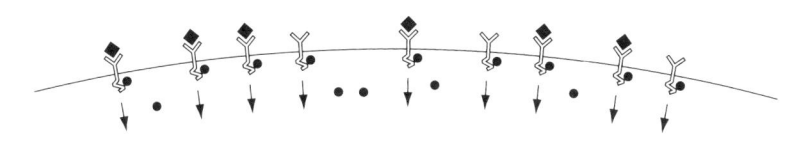

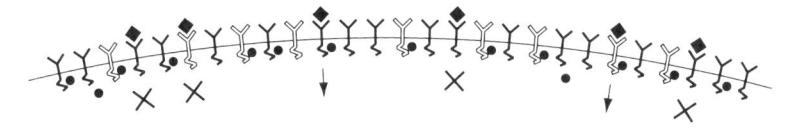

**図 3.6** 「無駄玉仮説」(abortive hit theory) を示す模式図
A：受容体とシグナル伝達タンパク質の間には一定の定量的関係が成立していて，リガンドであるプロラクチンを結合した受容体はほぼすべてシグナル伝達を行うことができる．B：過剰発現した受容体によりシグナル伝達物質と受容体の間の量的バランスが崩れ，シグナル伝達物質に結合できない受容体が生ずる．したがって，リガンドが受容体に結合しても効果の発現が起こらない．白の受容体：通常の乳腺細胞が発現している受容体．黒の受容体：遺伝子導入で新たに発現した受容体．黒丸：シグナル伝達物質．黒四角形：リガンド．

て実験を行った．PRLは泌乳を促進する作用をもつホルモンで，PRLやその受容体を過剰発現させることで，乳量や乳質を向上させることができるかどうかを，まず，培養細胞を用いて確かめようというのが実験の目的である．HC 11細胞は，培養条件下で，形態学的に生体内における乳腺上皮細胞にきわめてよく似た分化を遂げ，さらに，培地に添加したPRLに反応して，ミルクに特異的なタンパク質であるカゼインや乳漿酸性タンパク質（WAP）をコードする遺伝子の転写速度を上昇させる性質をもっている．石島らはこれらの細胞に，PRL受容体のcDNAとサイトメガロウイルスのプロモーターとの融合遺伝子を導入して，PRL受容体を過剰発現（無処置の細胞の約4倍程度まで）している細胞株を多数樹立して，受容体の発現量と，PRLに対する反応性の関係を調べたのである．驚いたことに，受容体の発現量が増すと，細胞のPRLに対する反応性はかえって低下したのである（図3.5）．この現象を説明するために，石島らは，「無駄玉仮説」(abortive hit theory) を提唱し

た（図3.6）．いま仮に，細胞のあるホルモン（H）に対する受容体分子1個に対して，細胞内のシグナル伝達分子1個が対応して，両者の間に化学量論的関係が成立しているとする．このような状態で，受容体のみを過剰発現させて，細胞1個当たりの発現量を4倍にすると，単純な計算で，シグナル伝達分子と結合可能な受容体にリガンドが結合する確率は1/4になるはずである．

　東京大学の高橋迪雄（現味の素）らのグループでは，ヒトGHを過剰発現しているトランスジェニックラットと，ヒトGH受容体を過剰発現しているトランスジェニックラットを交配して，二つのトランスジーンを同時に過剰発現しているラット（バイジェニックラットと呼ばれる）を作出し，生理学的な解析を行った．期待されたほど，バイジェニックラットの成長速度が促進されなかったのは，石島らの見出した「無駄玉」現象に原因があるのかもしれない．

　先に示したモデルでは，シグナル伝達物質を仮に1個と仮定したが，実際には，多数の分子が関与している．PRLを例にとれば，*Jack 2*，*Stat 5*など，数種類の分子の関与が証明されている（図3.7）．この中のどれか1種類のタンパク質の発現量が低くても，そこが律速段階となって，最終的な表現型レベルでの効果は，血中や培養液中のリガンドの濃度から期待されるほどには上昇しないはずである．特に，一連のシグナル伝達反応の最後の段階である転写調節の段階では，転写調節因子とプロモーターとの反応速度，転写の速度，それに加えて，転写後調節の諸問題があるので，ここが最終的な律速段階となって，表現型レベルでの効果を制限している可能性が十分に考えられる．

　PRL受容体のシグナル伝達経路の最終段階で，カゼイン遺伝子の転写調節因子としてはたらいているのは，*Stat 5*と呼ばれるタンパク質で，ヨーロッパに留学中であった若尾 宏（現かずさDNA研究所）らによって1994年に発見された．われわれは，*Stat 5*遺伝子を過剰発現させれば，PRLによらずに，直接，乳汁

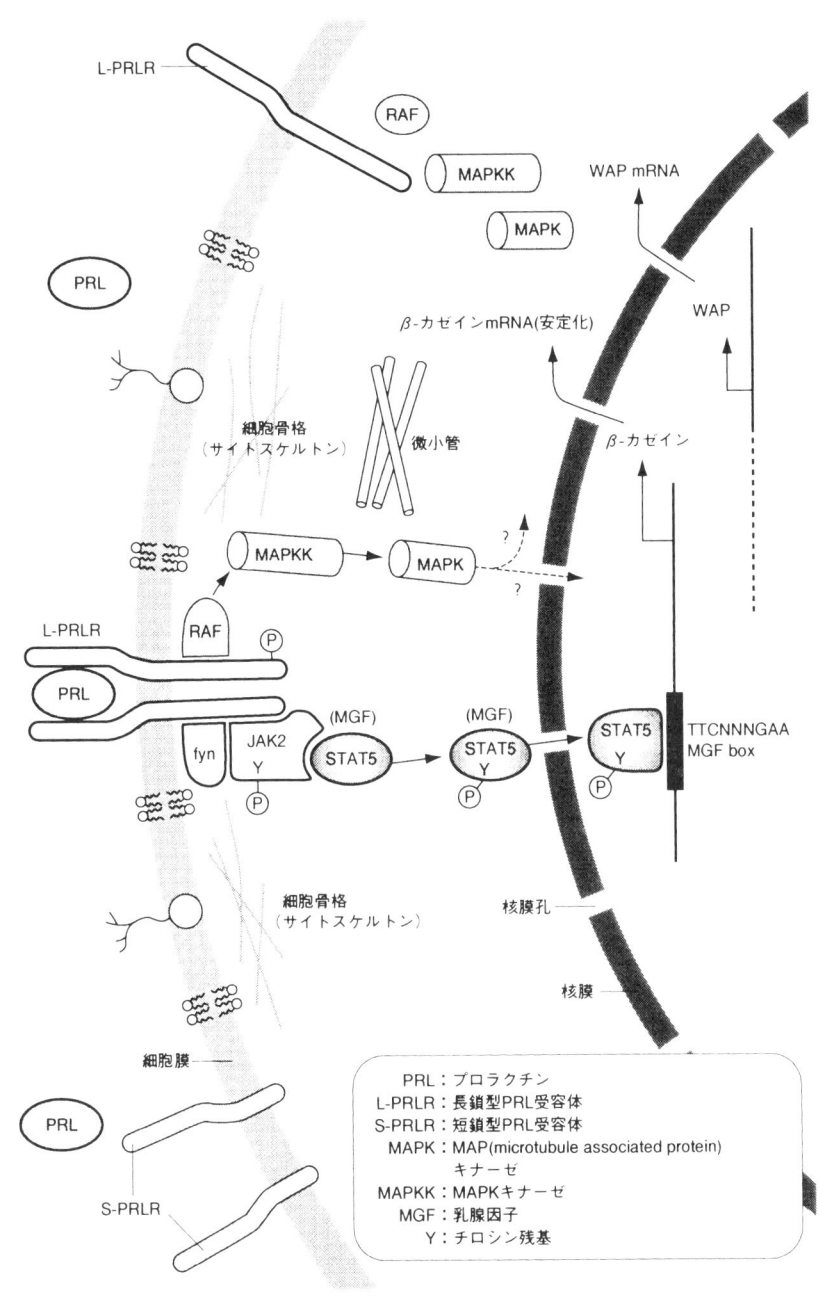

図 3.7 プロラクチン／プロラクチン受容体系とそのシグナル伝達系を示す模式図
(図は石島淳子と舘 鄰による)

中のタンパク質合成を刺激することが可能になるのではないかと考え，犬塚 博（現かずさ DNA 研究所）が，*Stat 5* を過剰発現したトランスジェニックマウスの作出を試み，実際にそのようなマウスを得ることに成功した．このマウスでは，導入した *Stat 5* 遺伝子によるカゼイン遺伝子の発現誘導は認められなかったが，WAP の発現誘導が確認された．*Stat 5* タンパク質は一連のシグナル伝達経路の中で，*Jack 2* と呼ばれるタンパク質でリン酸化される必要があるので，さらに複数のシグナル伝達経路のタンパク質を過剰発現させないと，期待した効果は得られないのかもしれない．

しかし，これでも *Stat 5* タンパク質と DNA との相互作用のターンオーバー速度に限度があることが考えられるので，画期的に反応を上昇させるには，転写調節因子を含む受容体-シグナル伝達回路全体の発現レベルを上げるのと同時に，遺伝子そのもののコピー数を増やす必要もありそうである．これは，少なくとも理論的には可能であるが，実際に実行するとなると相当な困難が予想される．また，シグナル伝達回路の発現レベルを上昇させることで，発ガンやさまざまな先天性異常が非特異的に多発する可能性も高い．他に，何かよい方法は考えられないであろうか．

mRNA はすべて，その 3′ 下流に非翻訳領域（3′ UTR；3′-untranslated region）をもっている．最近，3′ UTR に mRNA の安定性や反復使用における効率，あるいは細胞内での位置的局在に関する情報が含まれていることを示す実験事実が数多く報告されている．mRNA の安定化と再利用を促進する 3′ UTR の構造がわかれば，転写調節因子のレベルを特異的，かつ，飛躍的に上昇させることができる可能性がある．たとえば，ミルク中に大量に分泌されるカゼインの mRNA は，泌乳中に発現レベルが上昇するだけでなく，安定性が増して，そのことがむしろカゼインの大量生産に重要な役割を果たしていることが早くから知られている．mRNA の安定化と再利用効率を高める機構がわかれば，泌乳以外にさまざまな生理活性をもつホルモンの血液中の濃度や，受容体-シグナル伝達

系の機能を操作しなくても，特定のホルモンの標的となる表現型の発現を，高効率で増強させることが可能になるだろう．この方法で，発展途上国で飼われていることが多いスイギュウやヤク，あるいはヒツジやヤギの乳量を飛躍的に改良したりすることも期待できそうである．

ウシでは，伝統的な育種によって，1 泌乳期（約 1 年間）に 2 万 kg 以上のミルクを生産する「スーパーカウ」の出現が，畜産業界を驚かせた．いわば，第 1 次ホワイト革命である．

一方，1980 年代の後半からイギリスの研究者らによって，トランスジェニック技術で，ミルク中に医薬品として有用なタンパク質をつくらせ，安価な供給を図ることが試みられ，すでに実用化に向けた研究が行われている．第 2 次ホワイト革命といえるだろう．わが国では，結城 惇（当時雪印乳業，現ハブ）や，東條英昭（東京大学）らによって，ラットおよびマウスを用いた基礎研究が行われ，また，柏崎直巳（当時 YS 研究所，現麻布大学）らによってブタで，ミルク中に有用タンパク質を分泌するトランスジェニック個体を作出する試みが行われたが，実用化には至っていない．

子供の栄養不足に悩む発展途上国の家畜の乳量や乳質を mRNA を改変することで改良できれば，第 3 次ホワイト革命になるだろう．

## ● 4 スーパー・マッチョ

よく計画された運動やトレーニングを行うと，からだの特定の筋肉を発達させることができることは，だれでもよく知っている．また，骨折してギブスをはめたときや，重病で寝ているうちに筋肉が退化して，腕や脚が短期間に驚くほど細くなることを経験した人もあるだろう．無重力状態におかれた宇宙飛行士に筋肉の退化が起こること，また，それを防ぐためにスペースシャトルや宇宙ステーションで特別の運動メニューが組まれていることは，テレビなどでも

紹介されている．スポーツ選手は，もって生まれた才能に加えて，厳しく管理された食事とトレーニングのメニューに従って，筋肉やそれを支配する神経系の能力を最大限に高めて競い，人類の肉体の限界に挑戦する．動物でも競走馬は，走る能力で長年にわたって選抜された遺伝的な背景に加えて，適切な栄養管理とトレーニングで限界に挑む．優れた競争馬の育成には，人間のスポーツ選手のそれと共通したものがある．

家畜の場合には，筋肉は物理的な能力だけでなく，食材としての側面もある．むしろウマは例外で，肉として生産・育種される家畜の方が圧倒的に多数派である．食肉の場合には，運動をさせて筋肉を発達させすぎても，肉が堅くなったり味が変わったりという問題があるようなので，度が過ぎてもよくない．

戦前の日本で，ニワトリの雛が飛び上がらなければ餌が食べられないようにしたり，止まり木を回転させてニワトリが常に羽ばたくようにしたりして，大胸筋，つまり手羽肉の発達を促して儲けようと試みた人があったらしい（正田，1983）．最近このような方法で肉用のニワトリを飼っているという話は聞かないので，多分思惑どおりにはいかなかったのだろう．また，戦後のアメリカでは，子豚の餌箱を成長に合わせて高くし，餌を食べる子豚をいつも二本足で立ち上がらせて，ハム用の肉として市場価値の高い腿肉（英語のhamはもともと腿肉の意味である）を日頃から鍛えて発達させる試みが行われた．残念ながらこのアイディアも，二本足で立ち上がることで筋肉に期待した効果が出る前に，後肢の骨に影響が出て変形し，異常に短くなってしまったことで終わったという（正田，1983）．

いずれにしても，適度の運動による刺激が，筋肉の維持や，その発達の促進に欠かせないことは，いわば日常の常識の範囲であろう．しかし，それでは運動をするとなぜ筋肉が発達するのか，その仕組みを生物学的に説明しようということになると，意外なことに，現在の生命科学の知識では非常に難しいのである．もちろん，

生理学や体育学の教科書には，古くから考えられたさまざまな理論や仮説が紹介されているが，どれも不十分で，決定的なものはない．皮肉なことに，筋細胞の発生や筋肉組織の形成機構が分子レベルで明らかにされればされるほどミステリーが深まるといった状況なのである．

精巣が分泌するステロイドホルモンであるアンドロゲンやその合成誘導体は，アナボリックステロイドと呼ばれ，筋肉の発達を促すことは古くから知られていた．しかし，ホルモンは全身の代謝や細胞の分化に作用して変化させ，発ガンなど病的な副作用を起こしやすいので，これらの物質をスポーツ選手などが筋肉増強剤として使うことは禁止されている．ときどき，隠れて使用した選手が見つかってマスコミをにぎわせる．

肉を食用として使う家畜では，ホルモンは肉に残留して食べた人に影響をおよぼす危険があるので，安易に使うことは許されない．もしも，運動によって筋肉が発達する仕組みが分子レベルで明らかにされれば，ホルモンを使わずに，より自然で，筋肉にだけ特異的に作用して，その発達を促すことができるようになるだろう．スポーツでは効率的なトレーニング法の開発に，医学ではリハビリの促進に役立つことが期待される．特にリハビリ分野での期待は大きい．

最近，体育学で注目されているトレーニング法の一つに「伸張性（エクセントリック）・トレーニング」と呼ばれる方法があり，わが国では，東京大学の石井直方らによる興味深い研究がある．石井は，大学の学生時代にボディービルの国内，国外のコンテストで度々優勝した経験をもち，また，オックスフォード大学に留学して，筋線維の生理学に関して優れた研究をした異色の研究者である．

バーベルを使って上腕二頭筋（Mbb）のトレーニングをする際のことを考えてみよう（図3.8）．このときの有効な運動は，バーベルを引き上げるとき（Mbbは短縮する）と，バーベルを降ろす

図 3.8 バーベルを使った上腕二頭筋の伸張性（エクセントリック）トレーニングと短縮性（コンセントリック）トレーニング
1~3：バーベルを上から下に降ろすだけの運動を繰り返す（伸張性）．4~6：バーベルを下から上に持ち上げる運動を繰り返す（短縮性）．

とき（Mbb は伸張する）と，それぞれに筋肉を使うことになる．そこで，バーベルを引き上げる運動ばかりを行った場合（短縮性，コンセントリック）と，バーベルを降ろす運動のみを行った場合（伸張性，エクセントリック）とで，トレーニングの効果を調べて

みると，バーベルを降ろす運動のみを行った方が効果的であることがわかる．この現象は，バーベルを降ろす際に，筋細胞の一部が張力で破壊され，その修復プロセスが，実は，筋肉の発達に重要な役割を果たしていることに原因があると説明されている．成体の，発生学的にはすでに完成した筋肉組織でも，その中にサテライト細胞と呼ばれる未分化な細胞が残っていることが知られており，筋肉組織の部分的な破壊が起こると，これらの細胞が増殖や分化を遂げ，筋肉組織の修復，そしてさらに発達へと導くらしい．

ところで，運動やトレーニングを十分につめば，だれでもオリンピック級の選手になれるかというと，決してそうではないだろう．運動選手として大成するには，反射神経や，とっさの判断力，あるいは意欲や気力といった筋力以外の要素も大きいが，筋細胞の量や，個々の筋線維の性質で先天的に決まる部分もあるに違いない．

実際，ウマでは競走馬や作業用の輓馬(ばんば)など，筋肉の運動能力や作業能力に関する選抜と育種が行われ，それぞれの目的に適合した，さまざまな品種や血統が長い年月をかけて確立されている．これらの事実は，筋肉の発達やその性質が個体発生の段階から遺伝的支配を受けていて，トレーニングやホルモンの作用は，このような遺伝的な背景のもとで効果を現すことを示している．

個体発生の過程で筋肉の発達や性質を支配している遺伝子のはたらきがわかれば，ホルモンによらず，筋肉の性質や量を目的に沿って変えることができるだろう．1990 年に，アメリカのサトレイブ（P. Sutrave）らは，原ガン遺伝子の一つである *c-ski* と呼ばれる遺伝子をマウスに導入し，筋肉が異常に発達したマウスをつくりだすことに成功した．それからまもなく，わが国では野村信夫（現産業技術総合研究所）が石井俊輔（理化学研究所）らと共同で，*c-ski* の新しいホモローグを単離し，*sno* と名づけた．*sno* のはたらきはまだよくわかっていないが，*ski* のホモローグなので，筋肉の発生に何らかのかかわりをもっていることが考えられた．

そこでわれわれは，*sno* を過剰発現しているトランスジェニック

マウスを作出して，*sno* 遺伝子のはたらきを調べることを試みた．導入する遺伝子にはヒト *sno* の cDNA を用い，加納 聖（現岩手大学農学部）が，目的とするトランスジェニックマウスの作出に成功した．ところが，残念なことにこれらのマウスには繁殖能力がなく，継代することができず，十分な解析を行うことができなかった．しかし，得られた個体のなかには，からだの大きさが正常のマウスに比較して異常に小さく，また，ヒラメ筋と呼ばれる脚の筋肉で調べたところ，筋肉を構成する I 型および II 型と呼ばれる 2 種類の筋線維のうち，II 型の線維の割合が著しく増えているもののあることが明らかにされた．I 型は ATPase 活性の高い線維で，一方，II 型は ATPase 活性の低い線維であり，通常のマウスの筋肉では，I 型線維の割合が大きいのである．加納の得たトランスジェニックマウスでは過剰に発現した *sno* 遺伝子の産物が，I 型線維の増殖や発達を抑制したのかもしれない．

　*ski* や *sno* は，筋肉に特異的に作用する遺伝子として大いに期待されたのであるが，その後の研究で，*ski* も *sno* も発生過程で筋細胞以外にさまざまな影響をおよぼすらしいことが明らかにされており，最初に期待されたように，これらの遺伝子を用いて筋肉の発達を特異的に支配することはできそうもない．

　最近，筋肉の発生を支配している新しい遺伝子として，マイオスタチン（myostatin）と呼ばれるタンパク質をコードしている遺伝子が発見され，研究者の強い関心をひいている．ウシには，通常のウシに比較して筋肉をよけいにもつダブルマッスル（筋肉倍増）と呼ばれる表現型を示す突然変異のあることが古くから知られていたが，マイオスタチン遺伝子は，この原因遺伝子として見出された．マイオスタチンは筋細胞の増殖を抑制するはたらきをもつ成長因子の一つで，ダブルマッスルではこの遺伝子に突然変異が起こって，筋肉の異常な発達が起こったものと考えられている．実際，マウスのマイオスタチン遺伝子を標的破壊して，筋肉の増量した表現型をもつマウス，「マイティーマウス」が得られている．つまり，ポパ

ウマ マイオスタチン

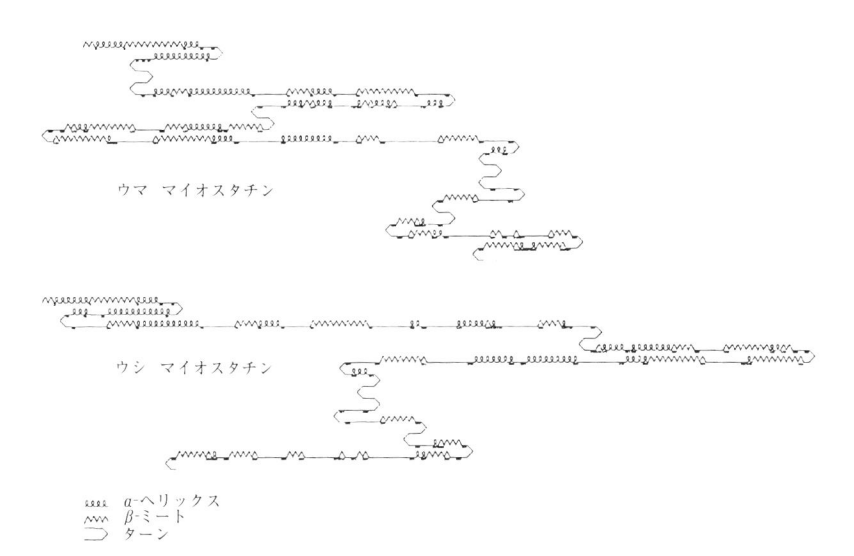

ウシ マイオスタチン

≋≋≋ α-ヘリックス
∿∿ β-シート
⊃ ターン

**図 3.9** ウマのマイオスタチン cDNA から推定したタンパク質の二次構造予測（ロブソンプロット）（上段）
下段は比較のためのウシのマイオスタチン．アミノ酸配列はよく保存されているが，構造はやや異なることが推測される．（図は細山 徹による）

イ化したミッキーマウスである．

　マイオスタチンは，おそらくトレーニングによる筋肉の発達に何らかのかかわりをもっているのではないかと考えられ，実際，実験動物でそのようなことを示唆する実験結果が得られている．動物では，競走馬が運動能力で選抜され，さらに，トレーニングで運動能力の増強を図る点で，ヒトの運動選手の場合と共通した問題をもっていることは先に述べたとおりである．われわれの研究室でも，ウマのマイオスタチンの cDNA のクローニングを試み，最近，細山徹らが cDNA の配列の決定に成功した（図 3.9）．現在，その利用についての研究を進めているところである．

　一方，マイオスタチンの細胞レベルの作用機構についての研究は，最近，ようやくはじまったところである．わが国では，石井直方のグループや山内啓太郎（東京大学），添田知恵（東京大学）らが，先駆的な研究を開始している．

　これらの，タンパク質の機能が明らかにされれば，運動選手の効

率的なトレーニング法や，運動機能障害をもつ患者のリハビリテーション法を画期的に進歩させることができるだろう．農学分野では，ウシやブタ，あるいはニワトリや魚などで，食材としての筋肉の生産性を高めるだけでなく，競走馬の合理的なトレーニング法の開発に役立つ基礎知識を提供するはずである．

# 4 生殖革命

## 1 雄はなくとも…

　最近，街角や電車の中で，男なのか女なのか簡単にはわからない若者に出会うことがある．区別がつかなくても差し支えないようなものだが，どうも気になるので，好奇心のおもむくままに観察を続けていると，恐い顔でにらまれることもある．動物では，たとえばクジャクやライオンのように雌雄の違いがはっきりした種もあれば，カラスやクマのように外見では違いがほとんどない種もある．一般に生物学では，雌雄差の大きな方が進化の圧力が高いと考えられているので，ユニセックスの文化は人類進化がそろそろ飽和点に達してきたことの象徴なのだろうか．それとも，男と女の生み出すドラマに疲れて，互いに相手の性の価値観に近づくことで，無用な摩擦を避けようとしているのだろうか．

　男女のように，異なる個体の間でゲノムに含まれる遺伝情報の混合や交換が行われる生殖様式をミクシス生殖様式と呼び，そのようなことが起こらない生殖様式をアミクシス生殖様式と呼んでいる．厳密にいうとミクシス生殖のなかには性，つまり生殖細胞に精子と卵子（または卵細胞）の区別がない場合もあるのだが，ほとんどが性をともなう有性生殖なので，有性生殖はミクシス生殖と同義語として使われていることが多く，またそれではほぼ用が足りる．一方，

アミクシス生殖は無性生殖と呼び慣わされているが，本来，二つの用語は意味が異なり，それぞれ区別されて使われるべきものなので，横丁の小言幸兵衛としては文句のあるところである．

　動物の雄と雌とでは，からだの内部の構造だけでなく，外見もずいぶん違っているものが多い．人間では，男女のからだの違いを衣服や行動で一層際だたせている．外見や行動で，動物の雄やヒトの男性は精子をもっていることを，また動物の雌やヒトの女性は卵細胞をもっていることを宣言しているのである．

　そして，男と女，あるいは，雄と雌は恋をし，求愛をし，さまざまな過程を経て，最終的に精子と卵細胞が接着し，さらに両者が融合して受精が成立すると，胚発生がはじまって，子孫の誕生に至るわけであるが，それは決して平坦な道のりではない．そもそも細胞どうしが接着して融合すること自体，生物学的には相当危ないできごとである．早い話が，われわれのからだをつくっている細胞が自由に融合したのでは，とても収拾がつかない．完成した精子と卵細胞は，その点で非常に特別な細胞で，生殖細胞といえどもすべての細胞が融合能力をもっているわけではない．精子と卵細胞のように細胞融合を起こして，ゲノムの遺伝情報の混合に関わる生殖細胞は配偶子と呼ばれている．

　ところで，ヒトをはじめとする哺乳類を含む脊椎動物では，精子が進入して受精するのは，減数分裂をして染色体が$n$本になった卵子ではなく，$2n$の卵母細胞である．この点は，無脊椎動物のウニのように卵子（$n$）が排卵されて受精する動物の場合とは基本的に異なっている．受精後に卵母細胞は減数分裂を完成して「卵子」の状態になるが，すでにこのときには，精子核は卵母細胞の中に入っていて受精卵の状態なので，配偶子として独立した卵子は存在しない．つまり，脊椎動物の配偶子は卵母細胞なのである．それぞれを区別して書くのはめんどうなので，本書では，卵子と，配偶子としての卵母細胞を合わせて，卵細胞と呼んでいる．

　精子と卵細胞は，体細胞とはずいぶん異なる形をしているが，ど

ちらも細胞であることに変わりはない．受精のときには精子と卵細胞が接着して融合するが，そのためにはまず表層が互いに接近しなければならない．一般に，細胞間の接着が可能になるために，分子レベルで，大体どれくらいの距離まで接近する必要があるかというと，約100オングストローム以下と言われている．細胞の表層は通常負に荷電しているから，その静電反発力に抗して，この距離にまで接近するには，かなりの工夫が必要である．

受精前の精子と卵細胞が離れている距離は，人間の場合を例にとれば，最大で地球のちょうど裏側，2万kmまで離れうる．それが，生殖行動と呼ばれる一連の行動，すなわち，探索行動，求愛行動と段階的に近くなり，配偶行動の結果，交尾や射精が起こり，最終的に，100オングストローム以下の距離に到達するのである．

せっかく，数km，あるいは，数mにまでたどり着いても，雄同士の闘争に敗れたり，外観や行動が雌に気に入られなかったりで，それまでの努力も水の泡となることもある．子孫を効率的に増やすのが，生物の大切な目的の一つであるとすると，これくらい効率の悪いこともないだろう．何のための男と女，雄と雌なのか．雌の気まぐれ，雄の身勝手の生物学的本質は何なのか．「失恋の生物学」は，生物の本質にかかわる多くの問題を含んでいる．

哺乳類では，出生時の雄と雌の比率，すなわち，性比（いろいろな表記があるが，以下では，一般的に最も広く使われている雌1個体に対する雄個体の比率で表す）は，多少の変動はあっても，ほぼ1.0であるにもかかわらず，成長して成体となり，生殖に参加するようになると，基本的に多雌配偶，つまり一夫多妻制の戦略をとるとされている．雄個体間の淘汰と雌による配偶選択で，残った少数の雄が多数の雌と交配して子孫をつくり，一種の遺伝子増幅を個体レベルで行っているのである．多雌配偶では，当然のこととして雄が過剰になるので，雄の失恋問題は深刻である．人類では，多くの社会で，長い経験から法律や宗教によって強制された社会的単配偶（一夫一婦制）を実施して，男女の配偶関係における不均衡から生

ずる社会問題を避けているが，生物学的には多雌配偶が本質であるところから，小説や音楽，絵画など，芸術の重要な素材の源泉となり文化の推進役を果たしている．

家畜では，自然の雄過剰の状態に，人類にとっての有用性による選抜が拍車をかける．イギリスの生殖生物学者オースチン（C. R. Austin）によれば，乳牛はもとより大部分の家畜で，おとなしくて扱いやすく，子供を産む雌の方が役にたち，どうしても雄でなければならないのは，繁殖か，雄でよく発達した角や牙を使う場合以外にはほとんどないという．日本のように，狭い土地で集約的な畜産業が営まれ，高度の繁殖技術が普及している国では，凍結精子を用いた人工受精や，体外受精と胚移植の組合せによる人工的な家畜の繁殖や育種が普及し，1頭の優れた雄から得られた精子で文字どおり何千頭もの雌を妊娠させることができる．

ウシでは出生時の性比を下げる，すなわち雌の比率を多くするために，初期胚の段階で割球を顕微操作で取り出し，PCR法によってY染色体に特異的なマーカーとなる塩基配列を検出して雌雄の判別を行い，雌と確認された胚だけを子宮にもどして妊娠させることが実用技術として用いられている．しかし，もしも発生工学で雌だけを産む家畜か，少なくとも雌を産む比率の高い家畜をつくりだすことができれば，手間と高度の技術が必要なPCR法による選別は必要がなくなり，先進国はもとより開発途上国での家畜の生産性向上に貢献することができるだろう．

一体，そのような家畜をつくることができるのだろうか．答えは，かなりの確信をもってイエスである．哺乳類では個体発生の基本型が雌であると考えられていて（異論もある），Y染色体上の遺伝子座によってコードされる「精巣決定因子」(testis determination factor；遺伝子座名は $TDF$．マウスの場合のみ $Tdy$ と標記される）のはたらきで，未分化生殖巣が精巣への分化を運命づけられ，胎児の性が決定される．DNAレベルの $TDF$ の本体は長い間不明であったが，1990年についに $TDF$ の本体として，ヒトとマ

ウスの性決定遺伝子 *SRY* (sex determining region on the Y; マウスの場合のみ, 特別に *Sry* と表記する. マウスも含めたすべての動物について言うときには *SRY* を用いる) が確定され, それをきっかけとして, 性決定機構の研究は急速な進歩を遂げた. 図4.1には, 哺乳類の性決定遺伝子研究のおおまかな歴史が模式図として示してある.

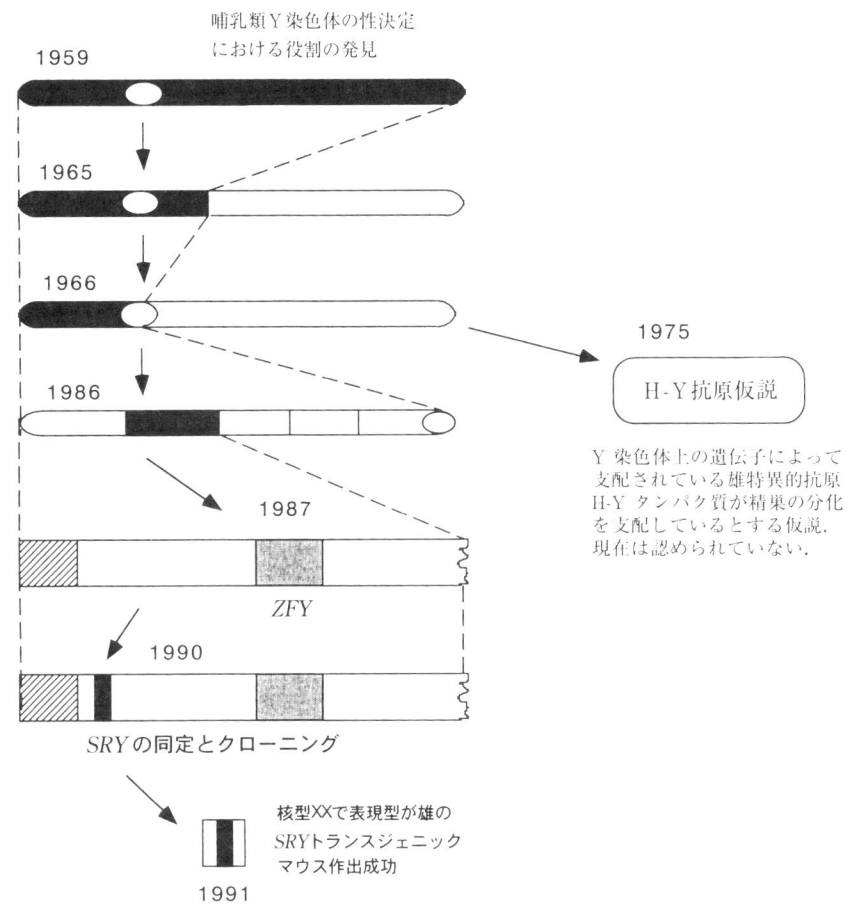

哺乳類Y染色体の性決定における役割の発見

1959

1965

1966

1975
H-Y抗原仮説

Y染色体上の遺伝子によって支配されている雄特異的抗原H-Yタンパク質が精巣の分化を支配しているとする仮説. 現在は認められていない.

1986

1987
ZFY

1990
*SRY*の同定とクローニング

核型XXで表現型が雄の
*SRY*トランスジェニック
マウス作出成功
1991

図 4.1 哺乳類の性決定遺伝子研究の歴史を示す模式図. ZFY は一時性決定遺伝子の本体とも考えられたが, 後に *SRY* が本体として同定された. 黒塗りの部分が性決定にかかわると証明された. (McLaren, 1991をもとに村岡英俊により改変)

マウスで明らかにされたところによると，*Sry* 遺伝子は発生のごく限られた時期（マウスでは交尾後 10.5〜11.5 日期）に，生殖巣の原基である生殖隆起（生殖堤ともいう）を構成する間充織（mesenchyme）で一過性に発現し，生殖隆起中の未分化な細胞をセルトリ細胞と呼ばれる特殊な形態と機能をもった上皮細胞に分化させる．こうして形成されたセルトリ細胞の影響下で，生殖隆起内の始原生殖細胞は精原細胞へと発生運命が方向づけられ，生殖巣は精巣として分化し，雄としての個体発生がはじまるのである．
　もしも，遺伝子操作で雄胎児の生殖隆起で発現する *SRY* の機能を抑制することができれば，染色体構成にかかわらず生まれてくる動物の表現型は雌になることが予測される．このような XY 雌の生殖細胞が，はたして機能するかどうかの点に疑問が残るが，その答えと対策は，実際にそのような動物が作出されてからのことである．
　生殖隆起における *SRY* の機能を人為的に抑制する方法としては，いくつかの方法が考えられる．たとえば，トランスジェニック動物の作出技術を用いて *SRY* のアンチセンス遺伝子を導入して発現させるのが一つの方法である．もう一つの方法は，それ自身 RNA でありながら他の RNA に対して配列特異的な切断酵素作用をもつ，リボザイムと呼ばれる RNA をコードした遺伝子を導入・発現させて，*SRY* の mRNA を特異的に不活化する方法が考えられる（図 4.2 (A)）．最近，ウイルスやガン遺伝子の不活化にリボザイムが有効であったことを報ずる論文の数が急速に増えつつある．すでに遺伝子治療に用いる試みもはじまっているので，*SRY* 遺伝子の発現制御にも十分使える可能性がある．
　たとえ，これらのアンチセンス RNA やリボザイムを発現した XY 雌が不妊となっても，XX 雌に発現した場合には，正常の雌個体として機能すると考えられるから，正常の雄と掛け合わせることで，雌の表現型をもつ XY 個体を含め，全体として雌を多く産ませることができるはずである．実際に，われわれのグループでは，

```
                              U G
                            G     A
                           C       G
                           C       G
                           U       A
                           U       C
                        A C G A G  G
                       G           A
                        U C    A A
    5'-GACUAAAUUCUGAUU   AGCUGUAACAUUCG-3'
3'...AUGCGGCUACGCCAUCUGAUUUAAGACUAA CUG GACAUUGUAAGCAUGGCU...5'
```

リボザイム（左括弧）　触媒領域（矢印）

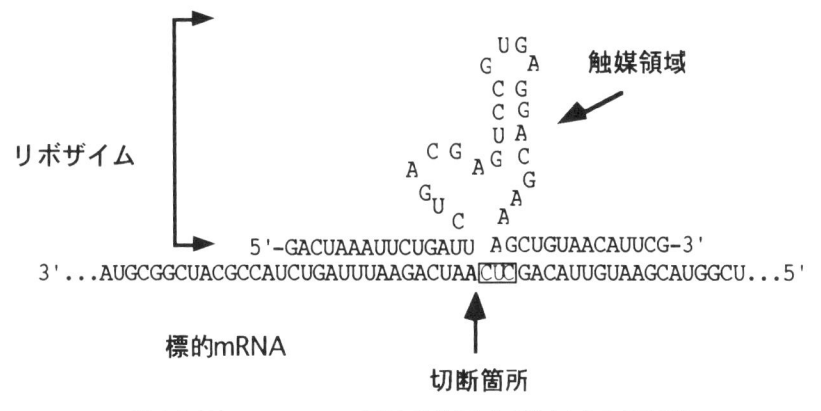

標的mRNA　　切断箇所

図 4.2（A）　ハンマーヘッド型と呼ばれるリボザイムを示す模式図
他にヘアピン型と呼ばれるものがある．

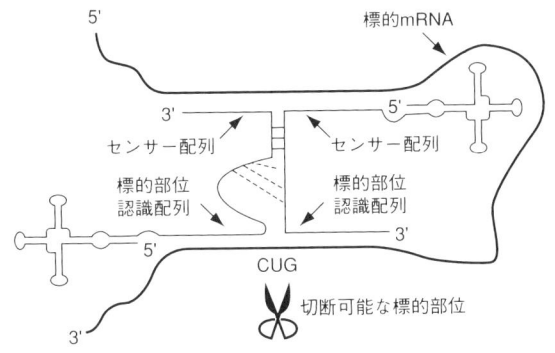

図 4.2（B）　マキシザイムの模式図
リボザイムをヘテロ二量体としてセンサー配列と標的認識配列をもたせ，特異性を高める．（多比良和誠，1999による）

西野光一郎（東京大学）が $Sry$ のアンチセンス遺伝子を過剰発現したトランスジェニックマウスの作出を行い，予備的な実験を行ったのだが，期待されたような効果，すなわち，出生時性比の雌へのかたよりはこれまでのところ得られていない．

最近，マウスで，雄性化遺伝子である $Sry$ 以外に，$Dax\ 1$ と呼ばれる遺伝子が卵巣の分化に関与し，雌性化遺伝子として機能しているらしいことを示唆する事実が報告された．先に述べたように，

アンチセンス *SRY* mRNAやリボザイム分子を用いて *SRY* の機能を抑制する一方で，*DAX 1* 遺伝子を過剰発現させれば，より確実に，核型がXYで表現型が雌の動物を得られることが期待できる．現在，われわれの研究室では，家畜のモデルとしてヤギを用いて，アンチセンス *SRY* mRNAや，*SRY* を標的としたリボザイム，あるいは *DAX 1* を過剰発現した動物の作出に向けて，基礎研究を行っているところである．ヤギの *SRY* 遺伝子とその周辺領域は，すでに児玉晃孝（現味の素）と村岡英俊（現ジャパンエナジー）によってクローニングと塩基配列の決定が完了している．

われわれの実験は，まだ，基礎の段階であり，このようなアプローチが家畜で実用化するには，まだまだ多くの問題を解決しなければならない．たとえば，先にも触れたように，こうしてつくり出されたXY雌の生殖細胞が機能するかどうか，また，乳腺が泌乳機能をもつかどうかは，実用化の上で大きな問題だが，今までの知識で予測することは難しい．実際につくられた動物で調べる以外にはなさそうである．しかし，たとえこのような問題が生じたとしても，いずれそれらの問題もバイオテクノロジーで十分に解決できるはずである．

哺乳類の中でもタビネズミは，野生集団の性比が非常に小さく，おおよそ0.3であることが知られている．つまり，雌10匹に雄3匹の割合である．X染色体に2種類（XとX*）あり，その一つは普通のX染色体で，XYは通常どおり雄であるが，他の一つがY染色体と一緒になったX*Yの場合は生殖能力のある雌になる（図4.3）．同じように雌の出現率の高い動物として，熱帯魚のプラティがある（図4.4）．これらの動物の遺伝子機構が明らかにされれば，雌を生みやすい家畜の作出に応用できるかもしれない．

ところで，*SRY* 遺伝子の上流と下流ではどのような遺伝子がはたらいているのであろうか．これが，実はかなりの難問である．非常に多くの遺伝子が，*SRY* 遺伝子の下流で次々と連鎖反応のように発現誘導されて，最終的に精巣の形成に至るものと考えられ，こ

| ♀ | ♂ |
|---|---|
| XX | XY |
| X*X | |
| X*Y | |
| (X*X*) | |

図 4.3 タビネズミの性染色体
X染色体にXとX*の2種類があると仮定すると,雌と雄が約3:1になる原因が説明できる.図中でかっこでくくったX*X*は実際には存在しない.

| ♀ | ♂ |
|---|---|
| XX | XY |
| WX | YY |
| WY | |
| WW | |

図 4.4 プラティの性染色体構成

のような遺伝子発現の様子を巨大な滝になぞらえて「$SRY$ カスケード」と呼んでいる.応用の見地からすると,$SRY$ 遺伝子については,すでに研究で先発のイギリスやアメリカがさまざまなパテントを取得していて,使いにくい面がある.もしも $SRY$ の上流や下流の遺伝子で,$SRY$ 機能の鍵となる遺伝子が確定できれば,まったく新しい方法で性比の制御が可能になるかもしれない(図4.5).こうした背景のもとに,われわれは,マウスの $Sry$ 遺伝子を培養細胞に導入して,$Sry$ 遺伝子の下流で発現誘導される遺伝子の同定を試みた.その結果,広田 治(現ベーリンガー・インゲルハイム)によってP450アロマターゼ遺伝子が,また,豊岡やよい(現三菱生命研究所)によってウイルム腫瘍抑制遺伝子($WT-1$)が,導入 $Sry$ 遺伝子によって発現誘導されることが明らかにされた.同じわれわれのグループでありながら,広田と豊岡の結果が違うのは,導入に用いた細胞が異なるためで,$Sry$ 遺伝子が機能をはじめる前の細胞の分化の状態が,誘導される遺伝子に影響をおよぼしているらしい.ちなみに,広田の用いた細胞はセルトリ細胞由来の体細胞(自身のもつY染色体上の $Sry$ は発現していない)であり,豊岡が用いたのはXXの性染色体構成をもつES細胞である.最近,$Sry$ の下流遺伝子や,$Dax\ 1$ との関係が次第に解明されはじめ,タンパク質レベルで複雑な相互作用のあることが明らかになり

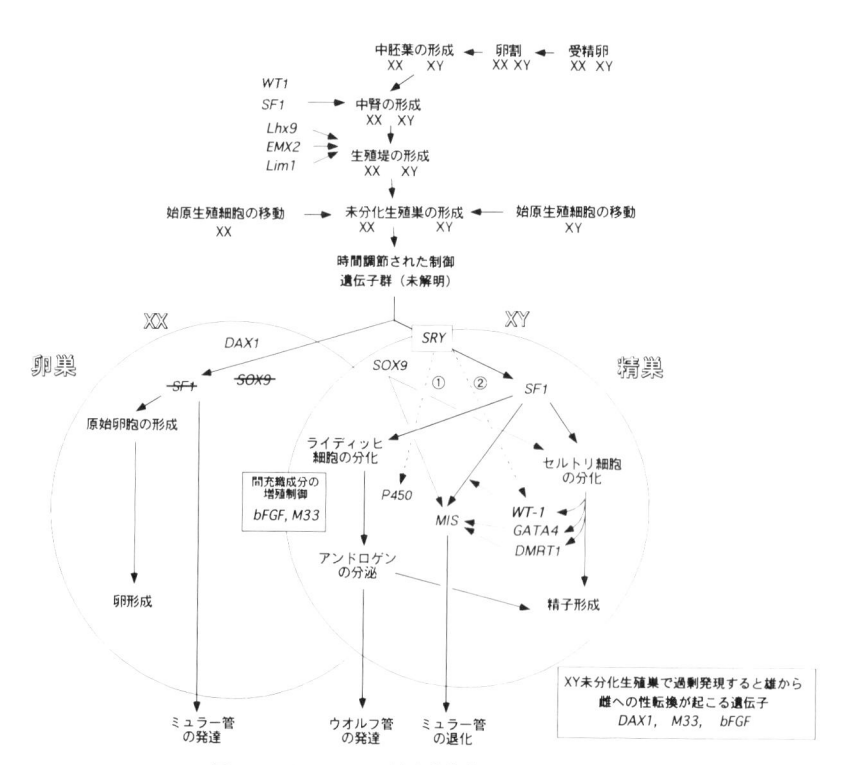

**図 4.5** *SRY* による性決定機構を要約した模式図

現在，性決定に関与していることが知られている主要な遺伝子を挙げてある．横線で消してある遺伝子は発現が抑制されているもの，他はいずれも活性化されることを示す．点線部①，②はわれわれのグループの仕事による．*SRY* の上流も，下流もまだ十分に解明されていない．（図は桜井宜子と舘 鄰による）

つつある．いずれ，このような下流遺伝子群が，応用生物学の見地から注目される日が来るだろう．

　下流遺伝子以上に不明なのが上流の遺伝子である．最近，横内耕（東京大学）らが，マウス *Sry* 遺伝子の 5′ 上流域を用い，ゲルシフト法で，マウス胎児の生殖隆起にこの領域に結合するタンパク質が存在することを明らかにしている．

　これまで，哺乳類の性決定機構と家畜におけるその利用の話をしたが，ニワトリでも卵を産む雌鶏の方が，雄鶏よりもはるかに人類にとって有用である．哺乳類と異なり，ニワトリの性染色体構成は

ZW型で，ZZが雄，ZWが雌になる．したがって，哺乳類の場合とは逆に，ZZ個体で雌性化遺伝子を発現させるか，雄性化遺伝子を不活化するかする必要があるのだが，ニワトリの場合にはまだ性決定遺伝子の本体が明確にされていないので，まず，性決定遺伝子の解明が先決課題である．

## 2 コピーで殖やす

　男と女，雄と雌のドラマは，子孫の遺伝情報に複雑な変異や多様性を生むことを可能にし，生物進化の原動力としての役割を果たしてきた．時折，雌の気まぐれがクジャクの尻尾やゾウの鼻，あるいはキリンの首のように，進化を思わぬ方向に進めることがあったとしても，有性生殖は地球上の生命の多様性を生み，人類を生んだことできわめて成功した生殖様式であった．

　しかしその一方で，有性ミクシス生殖はアミクシス生殖に比較してはるかに高いコストがかかる．実感として大いに頷く読者もあるだろう．貯金通帳の目減りもさることながら，精子や卵細胞を形成するための複雑な機構や雌雄の生殖行動のレベルで起こる選抜や淘汰など，生物学的コストが非常に高くなるので，単に個体数の増加という点からみると効率は非常に悪い．また，進化のうえでは大きなメリットがあった遺伝子の組換えも，家畜のように長年の育種で優れた形質をもつ品種が得られるようになった動物では，逆に，子孫の形質の不安定化を招く要因としてデメリットになる場合もある．

　対照的に，アミクシス生殖では，1個体の体細胞，または，生殖細胞のゲノムから子孫が生じ，遺伝的にまったく同じか，変異があっても限られた範囲内でよく似通った子孫を大量に，効率よくつくることができる．アミクシス生殖は有性ミクシス生殖に比較して生物学的コストはきわめて低い．そこで，酵母などの菌類や，原生生物，また，無脊椎動物や植物では，ミクシス生殖とアミクシス生殖

のそれぞれのメリットを生かした交代型の生殖様式（世代交代と呼ばれる）をとっているものが多い．

　魚類や爬虫類のように高度に進化を遂げた脊椎動物でも，雌だけで生殖が可能なアミクシス生殖種，すなわち雌性単為生殖種の存在が知られている．わが国の魚類では，ギンブナがその例としてよく研究されている．爬虫類は系統的に哺乳類に近く，いわゆる高等脊椎動物なので，1958年にソ連（当時）のアルメニア地方でトカゲの雌性単為生殖種が発見され，続いて，アメリカからも同じような種の発見が報じられたときには，生物学者の間にかなりのセンセーションをひき起こした．このような動物では，集団の個体すべてが遺伝的に同じコピー動物，すなわち，クローンであるように思えるが，実際に調べてみると個体間でかなりの遺伝的変異のあることが知られている．これらの種が用いている単為発生の機構が，その過程で，限られた範囲ではあるが遺伝子の組換えを起こす仕組みをもっているからで，むしろ，そのような機構があるからこそ，単為生殖種として適応し，存続できるのだろう．典型的なアミクシス生殖を行う単細胞原生生物であるアメーバは，高度の多倍体のゲノム構造をもっていて，それが変異を可能にしているらしい．アメーバのゲノム構造は非常に複雑で，現在でも十分に解明されていない．

　哺乳類では，もちろん単為生殖種は存在しないが，卵細胞に試験管内で適当な刺激を与えることで，実験的に単為発生を開始させる試みが古くから行われてきた．しかし，これまでのところ，出産に至る個体が得られた確実な成功例の報告はない．卵細胞のゲノムの発現を調節するインプリンティングと呼ばれる仕組みが，正常の発生を続けるために精子のゲノムの存在を不可欠にしているのである．最近，河野友宏（東京農業大学）らが，核移植の方法を使って，卵形成の過程でゲノムDNAのメチレーションが次第に進行し，メチレーションを受ける遺伝子のパターンが卵形成とともに，変化していくこと，また，そのような現象が卵細胞の発生能に重要な意味をもっていることを明らかにした．

マウスでは，卵巣に奇形腫（テラトーマ）と呼ばれる腫瘍を好発する系統がアメリカのスティブンス（L. C. Stevens）によって樹立されている．この腫瘍の原因は卵細胞が卵巣内で単為発生を自然に開始することにあり，野口基子（静岡大学）らにより，その機構について興味深い研究が行われている．卵細胞におけるゲノムのメチレーションパターンの制御機構が明らかになり，また，卵巣性テラトーマの分子機構が明らかになれば，雌だけで単為生殖をするマウスが，そして，さらには家畜をつくることができるようになるかもしれないが，まだ，ずいぶんと遠い先の話であろう．

　たとえ，試験管内で実験的に誘起した哺乳類の単為発生胚を完全な個体になるまで発生させることが可能になったとしても，生まれた子供のもっている遺伝子のセットはすべてホモ型になり，哺乳類で約3万個あるといわれる遺伝子の中に1個でも致死遺伝子があれば，子供は死んでしまう．また，単為発生で生まれることが期待できるのは，すべて雌で，残念ながら雄はできない．

　アメリカのブリッグス（R. W. Briggs）とキング（T. J. King）は，1952年に，アカガエルの一種（*Rana pipiens*）を使い，胞胚期以降のさまざまな発生段階にある胚細胞から核を取り出し，除核した卵細胞質内に移植したところ，正常なオタマジャクシが得られたことを報告した．クローンオタマの誕生である．哺乳類では，マウスでマックグロース（J. McGrath）とソルター（D. Solter）(1983) が卵細胞への核移植技術を確立し，その後，角田幸雄ら(1987) により8細胞期割球の核を，除核した2細胞期胚に移植して子供が得られたことが報告された．この方法を用いると遺伝的にまったく同一なコピー動物，すなわちクローン動物を得ることができるし，雌だけでなく，雄もつくることができる．家畜ではこのような手法に経済的なメリットが期待されるので，初期胚細胞から得た核を卵細胞に移植する実験が精力的に行われた．まずヒツジで，次いでウシでの成功が報じられるとともに，多数の成功例が相次いで報告され，すでに実用技術化されている．わが国では，1999年

にこうして作出されたクローンウシの肉が市場に出荷され，社会問題にもなった．

このように，初期胚細胞からの核移植による家畜のクローニングは実用化の域に達したが，初期胚の段階では，両親が優れた形質を備えていたということがわかっているだけで，その胚が成体になったときに，はたして優れた形質を備えた個体になるかどうかの保証はまったくない．いつもタカがタカを生み，トンビがタカを生めばよいが，タカがトンビを生むことは世間でもありがちのことである．家畜の生産の観点からすれば，能力の証明された成体の体細胞からコピー動物を多数つくるのが理想である．

ブリッグスとキングによる核移植成功の報告から約10年後，イギリスの生物学者ガードン（J. B. Gurdon）（1968）は，すでに餌をとりはじめたアフリカツメガエルのオタマジャクシの腸管上皮細胞から核を取り出し，紫外線照射で本来の核を不活化した卵細胞質内に移植した．この卵細胞を培養し発生させたところ，餌をとる時期（摂食期）にまで達したオタマジャクシ10匹が得られた．さらに，腸管上皮細胞の核移植を受けた卵細胞が発生して胞胚になったところで，割球から核を取り出し，もう一度，未受精卵の細胞質内に移植して発生させるという実験を重ね，腸管上皮細胞核を起源として得られたオタマジャクシのなかに，正常の繁殖能力をもった成体のカエルにまで成長するものがあることを報告した（GurdonとUehlinger，1966およびGurdon，1968）．クローンガエルができたのである．ガードンの実験は，完全に分化した体細胞の核が，未受精卵の卵細胞質の中で細胞分化のプログラムの再設定を受けて，受精卵の核と同じような全能性を回復したことを示す実験として，世界中の生物学者を驚かせた．

しかし，カエルの卵細胞を使った核移植のパイオニアである，ディベラルディノ（M. A. DiBerardino）とキング（1967），また，ブリッグス（1979）はそれぞれガードンの仕事を批判して，ガードンの実験では，発生過程でオタマジャクシの腸管上皮内に紛れ込ん

で留まっていた始原生殖細胞の核を移植した可能性があること，また，オタマジャクシの腸管上皮細胞はまだ未分化な性質を残していて，完全に終末分化を遂げた細胞とは言いきれないことを指摘した．この論争は，体細胞クローニングの成功一番乗りが，一体誰であるかを巡って，今後も後を引きそうである．もしも，体細胞クローニングの仕事がノーベル賞の候補にでもなれば，論争は一段と熱気を増すだろう．

　腸管上皮細胞を用いた最初の成功以後，ガードンとその協力者たちや，他の研究グループにより，アフリカツメガエルの成体の表皮細胞や色素細胞を培養して得られた細胞や，リンパ球で，その核を卵細胞質内へ移植することによって，少なくとも摂食期前までのコピーオタマをつくることはできるが，摂食期オタマ以降，完全なカエルにまで育てることは難しいことが示された．同じような実験は他のカエルでも行われている．

　このような経緯から，終末分化を遂げた両生類の体細胞核が，移植された未受精卵細胞質の中で，完全な成体を形成することのできるような全能性を回復した十分な証拠はないとする見方がある一方で，両生類を専門とする発生学者を含めた多くの発生学者が，ガードンの実験を体細胞核移植によるクローニングの成功と受けとめ，発生学の教科書や，生物学の教科書でもそのように紹介されているものが多い．

　ガードンの仕事が発表されると，研究者の間での評価の違いはともかくとして，クローン家畜やクローン人間の可能性がマスコミで論議され，社会問題ともなった．しかし，当時は哺乳類でアフリカツメガエルと同様のことが可能かどうかという点について，発生生物学者の間でも意見が分かれていたので，議論も知的ゲームの域を出なかった．その後長い間，哺乳類では体細胞核はおろか，高度の多分化能を備えた未分化な胚細胞（胚性幹細胞，またはES細胞と呼ばれる）の核からですら，出産に至る胎児を得ることはできず，哺乳類の体細胞に分化の多能性または全能性を回復させることは不

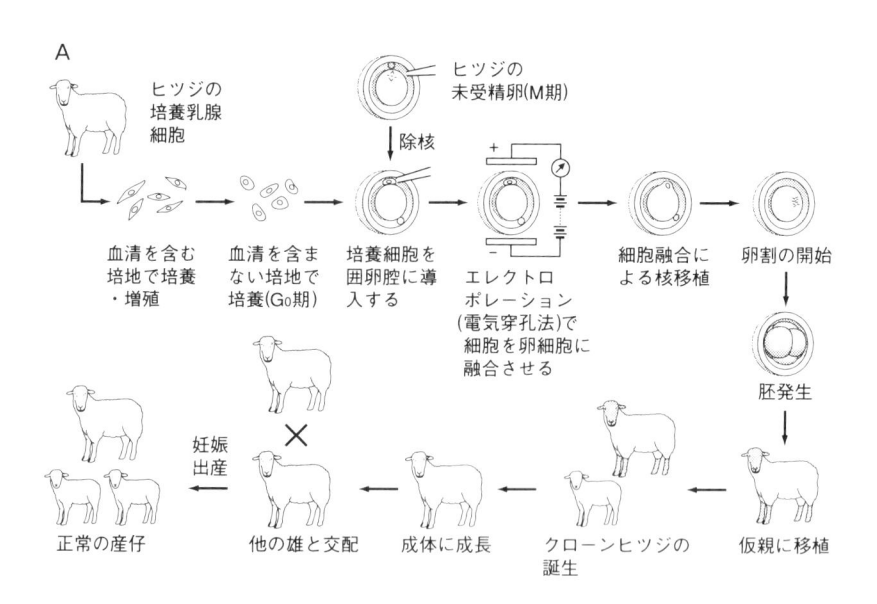

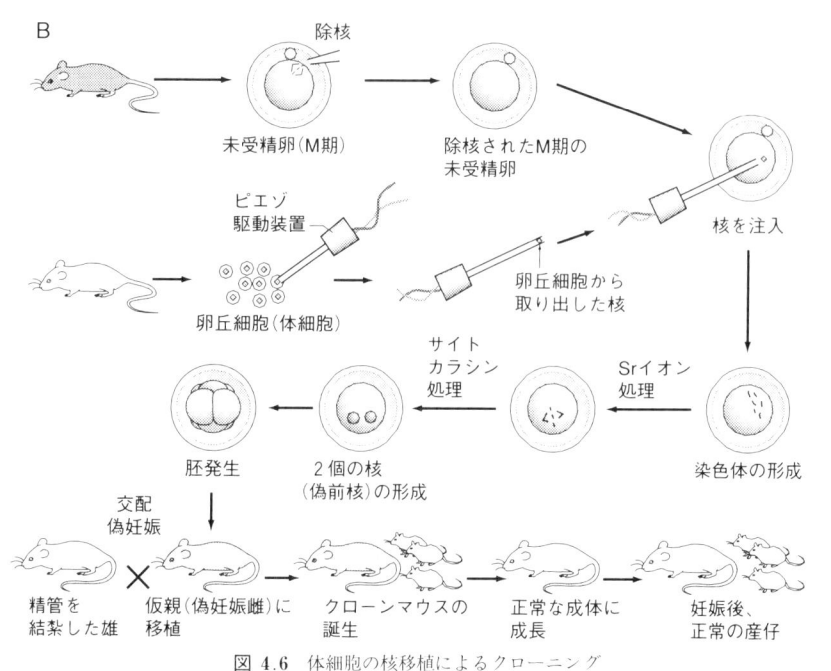

図 4.6 体細胞の核移植によるクローニング
A：ヒツジで用いられた方法．(Wilmut, 1997による) B：マウスで用いられた方法．(若山ら，1999による)

72 ◆ 第4章 生 殖 革 命

可能であるという，否定的なコンセンサスが研究者の間にひろがりつつあった．

ところが1997年，イギリスのウィルマット（I. Wilmut）らは，ついに，哺乳類で体細胞からクローン個体をつくることに成功した．彼らは，培養したヒツジ乳腺上皮細胞の核を，核を除去した未受精卵の卵細胞質内に移植することによって個体発生を開始させ，完全なヒツジクローン個体を得ることができたのである（図4.6（A））．この個体は雌であったので，女性の名前でドリーと名づけられ，ニュースはマスコミを通じて世界中をかけめぐった．ドリーは正常の生殖能力を備え，1999年には，健康な子供を産んだことが報道された．ヒツジでの成功後，同様の実験が，近畿大学の加藤容子ら（1998）角田幸雄のグループによってウシで，また，ハワイ大学の若山照彦ら（1998）柳町隆造のグループによってマウスで相次いで行われ，いずれも培養された体細胞から，完全な個体の作出に成功したことが報告された（図4.6（B））．

こうして，SF小説か，知的ゲームの世界の住人であったクローン人間は，一挙に現実的な可能性の領域に躍り出て，世界中で議論をまき起こし，その結果はただちに規制や法律などとして，慌ただしく具体化された．現在，多くの先進国で，倫理的な観点からクローン人間の作出を目的とした研究や，作出に至るおそれのある研究の実施は禁止，ないしは，厳しく規制されている．しかし，世界中には規制のゆるやかな国や規制ができていない国もあるので，今後，国際的な論議が必要だろう．

一方，実験動物や家畜についての研究は，各国ともおおむね推進の方向である．わが国で行われた世論調査でも，畜産分野での応用については賛成が多数派である．家畜で体細胞クローン動物をつくる技術が実用化して普及すれば，産業的に優れていることが実証された個体のコピーを大量につくることで，直ちに，生産性の向上が期待できることは先にも述べた．また，マウスやラットのような実験動物では，薬剤の効果や毒性を調べる際に，反応に個体差がある

のが普通だが，完全なコピー動物ができれば個体差にどのような遺伝因子がかかわっているのか，原因を正確に突き止めることが容易になる．こうした知識に基づいて，人間に医薬を投与する際に，体質による異常な反応や，事故を未然に防ぐことができるだろう．実際，個人の体質に合わせたテーラーメードの医薬品の開発についての研究がすでに開始されている．

　また，教育の知能や行動に対する効果や，トレーニングの運動能力に対する効果を，モデルとなる実験動物を使って，遺伝的要因と後天的要因とを明確に区別して比較することができるようになり，最も適切な教育法やトレーニング法を開発するための基礎データを得ることができる．競走馬のトレーニング法の開発にクローンウマを使う計画も，基礎研究がスタートしているようなので，計画が継続されればいずれ現実になるかもしれない．しかし，体細胞クローニングによって生まれた個体の寿命が短くなることが懸念されること（最近の研究結果では，その心配はなさそうである）や，ウシではこの方法でつくられた個体にさまざまな異常の生ずることが報告されているところから，完全な実用化までにはまだ多くの問題が解決されなければならず，期待されているような実用化への道はまだはるかである．

　実用化の側面はさておき，最も高度の進化を遂げた哺乳類で，複雑な試験管内の操作の結果であるとはいえ，体細胞からのアミクシス生殖が可能になったことは，20世紀の生物学を締めくくる画期的なできごとであった．さらに，雌だけで自律的な単為発生を行う哺乳類をつくることができれば，生殖の超革命であろう．ただし，超革命は実験動物，せいぜい家畜止まりのことである．神は，自然界の哺乳類については，アミクシス生殖がお嫌いである．単為発生を防ぐ複雑な機構の存在が，その事実を雄弁に物語っている．伝説ですら，アマゾンを男性不要にはできなかったのである．

## 3　本当の試験管ベビー

　1932年にイギリスの生物学者オルダス・ハックスレー（Aldous Huxley）は，その有名なSF小説，『新しい世界』（Brave New World）の中で，若い男女が精子と卵細胞を今でいえば細胞バンクに預けて，試験管内で子孫を育てる世界を描いている．それから，半世紀以上が経ったが，いまだに，受精卵から出産期の胎児に至るまで，完全に試験管内で哺乳類の胚を育てることはできない．新聞や雑誌などで「試験管ベビー」と呼ばれているのは，試験管内で受精を行った体外受精児のことで，体外で受精をした後は母親の子宮に移植して，妊娠が成立しなければ生まれない．

　卵生のカモノハシ類を除く，他のすべての哺乳類はいわゆる真胎生動物で，胚は母親の子宮に胎盤をつくり，その後，胎児となって出産まで母親の胎内で成長する．生殖過程として真胎生をとる動物種は，爬虫類や魚類のような哺乳類以外の脊椎動物のなかにも比較的多く見出せるし，無脊椎動物にも多数の例がある．しかし，系統的にまとまった動物グループで真胎生を生殖様式として採用しているのは哺乳類だけである．その意味で，真胎生は動物進化の上で比較的新しく確立された生殖様式で，生物学的過程としてはまだ未完成の部分を多く残している．

　たとえば，妊娠中の雌動物や女性では，運動が妨げられることはもちろん，胎児が発達するにつれて内臓諸器官の形や機能が著しく変化して，多くの不愉快な症候の原因となる．妊娠は動物では雌に，人類では女性にきわめて大きな生理学的な負担を強いることで成立しているのである．さらに出産は多大の苦痛をともなうだけでなく，きわめて危険な「行事」であって，死を招くことすらある．19世紀の中頃のウイーンは，当時のヨーロッパで医学の中心地の一つであったが，ウイーン大学の病院で出産した母親の死亡率は，医師が出産を扱っている病棟で特に高く，10〜25%であったと言われている．4人に1人の妊婦が死亡しているのである！　妊産婦の

表 4.1 アジア各国の妊産婦死亡率（UNICEF の資料による）

| 国　名 | 調査の年 | 妊産婦死亡率（10 万人当たり） |
|---|---|---|
| カンボジア | 1980-1992 | 481 |
| タイ | — | 50 |
| 中国 | 1980-1992 | 95 |
| ネパール | 1990-1992 | 520 |
| フィリッピン | 1990-1992 | 210 |
| ベトナム | 1980-1992 | 120 |
| 日本 | 1990-1992 | 11 |

死亡率は10万人当たりの死亡数で表すことが多いが，そうすると2万5000という，とてつもない数になる．若いハンガリー生まれの産婦人科学者ゼンメルワイス（I. F. Semmelweiss；1818-1865）は，異常に高い妊産婦の死亡率が医師の手からの病原菌の感染によるものであることを推論して，消毒法の実施を提唱するが，他の医師たちから受け入れられず，その後，産婦人科学の教授にはなったものの47歳で不遇の死を遂げた．当時の妊産婦の高死亡率は，今でいえば医原病であり，先輩や管理職の医師たちは，おそらくゼンメルワイスの主張を認めることで，医療の責任を問われることを恐れたのだろう．ちなみに，1990年代の日本の妊産婦死亡率は11程度で，欧米の値とほぼ同じ水準である．表4.1には，アジアの各国における妊産婦死亡率が示してあるが，100～500の範囲である．医学がまったく介在しない，自然の出産にともなう死亡の危険がどれくらいなのか正確な推測は難しいが，おそらく1000以上なのではないだろうか．

現在，先進国では病院で出産するのが普通だが，生物として正常の生殖過程に，疾患の科学である医学が介在しなければならないというのは，生物学的には奇妙なことである．しかし，妊娠は，母親にとって「疾患」であるのが人類の現状であり，程度の差こそあれ同じようなことが哺乳類全般にいえるだろう．妊娠が，生物学的過程として未完成であるという理由の一つである．

現代人の妊娠・出産が医学の介在を不可欠としているのならば，いっそのこと「人工胎盤」を開発して，授精から出産期の胎児まで

試験管内で育てれば,妊娠中の母親の負担は大幅に軽減される.人工胎盤が実現して,究極の真胎生の進化が完成するともいえる.

マウスの初期胚を培養して試験管内で発生させる試みは,アメリカのジョンズ・ホプキンス大学のスー(Y. C. Hsu)によって1970年代に多くの先駆的な試みが行われ,体節期にまで至った胚が得られている.一方,ラットでは,イギリスのニュー(D. A. New)らが,妊娠9.5日から12.5日の間に子宮から取り出した胚を体外で24時間から48時間培養し,ほぼ完成した胎児の状態にまで発生させる方法を確立した.わが国では,江藤一洋(東京医科歯科大学)とその一門が,早くからラットの全胚培養を顔面の発生過程の実験的解析に用いて顕著な成果を挙げている.しかし,ラットでも,出産期に至るまで培養することはできていない.桑原慶紀(順天堂大学)らは,未熟児の研究から出発して,ヤギを用いて周産期の胎児を培養する課題に取り組んでいるが,その膨大な装置をもってしても,自力で生命維持が可能な完全な新生子期に達するまで培養することは,今のところ難しい.

出産期に至る胎児を試験管内でつくるには,胎盤の機能を完全にシミュレートできる人工装置が必要であるが,そのためには,胎盤形成の鍵となるトロフォブラスト細胞を培養して使うことが,当分の間,不可欠であろう.培養トロフォブラスト細胞を用いて,胎盤機能をもった人工器官をつくるのである.同じようなアプローチは,人工肝臓の開発でもとられている.

哺乳類の胎盤の構造は,種によってずいぶん異なるが,胎盤をつくるときにトロフォブラスト細胞が母親の子宮内膜をどの程度浸潤するかにより,おおまかに,4種類に分類されている.そのなかで,ヒトやネズミ類の胎盤は,トロフォブラスト細胞の浸潤度が最も高いグループに属している.どうして,霊長類と齧歯類の胎盤の構造が似ているのかは進化のミステリーであるという以外にない.一口に浸潤といっても,その分子・細胞レベルの機構は想像以上に複雑で,個体発生の際の器官形成にともなう細胞移動や,ガン細胞

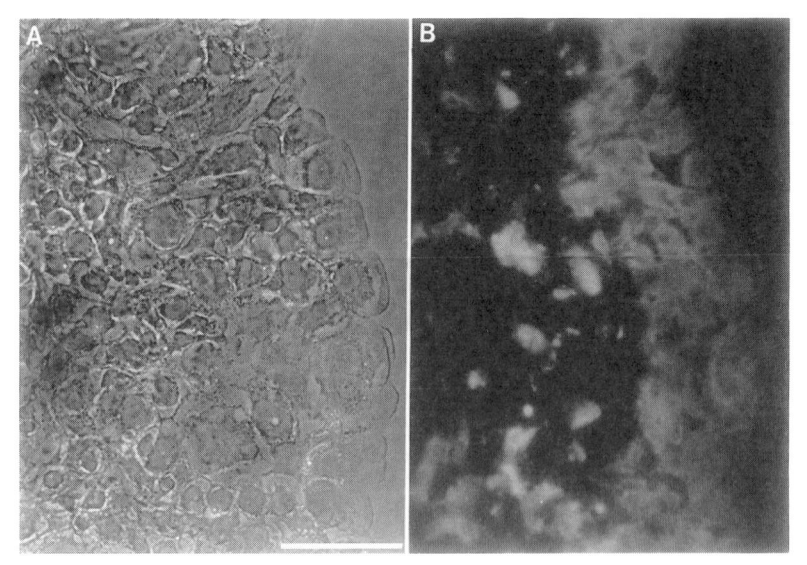

図 4.7 マウストロフォブラスト細胞における膜型マトリックスメタロプロテアーゼMT 1-MMP の発現
培養したマウスのトロフォブラスト細胞（外胎盤錐と呼ばれる部分）における膜型マトリックスメタロプロテアーゼ-1（MT 1-MMP）の発現を示す顕微鏡写真．抗 MT 1-MMP 抗体を用い，蛍光抗体法で染色した．浸潤活性を示す周辺部の細胞のみが MT 1-MMP を発現していることがわかる．（田中 聡ら，1997）

の転移機構の研究では，最先端の課題の一つである．

　ガン細胞の浸潤過程では，膜型マトリックスメタロプロテアーゼ（MT-MMP）という，細胞膜上に発現して周辺の結合組織の基質タンパク質成分を分解する酵素が重要な役割を果たしている事実を佐藤 博（金沢大学）および清木元治（東京大学医科学研究所）らが見出し，細胞浸潤過程の研究に重要な糸口を与えた．MT-MMP は現在 6 種類が知られているが，われわれの共同研究者であった田中 聡（現大阪府立母子センター）や鞠子幸康（現中外製薬）らは，その中の一つである MT 1-MMP がトロフォブラスト細胞で発現していること，また，細胞と細胞とが接触することにより，MT 1-MMP の発現が下方制御されていることを示す興味深い事実を発見した（図 4.7）．このような制御過程に関与している遺伝子が解

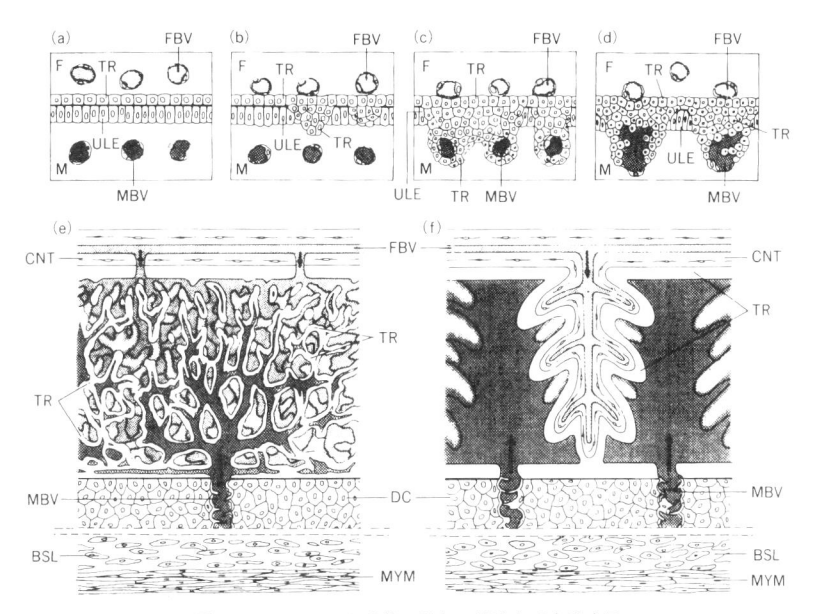

図 4.8 さまざまな動物の胎盤の構造を示す模式図
(a) 上皮漿膜胎盤(ブタ,ウシ,ヤギなど).ウシ,ヤギなどウシ科の胎盤では一部のトロフォブラスト細胞が子宮上皮細胞とシンチシウムをつくるので,融合上皮漿膜胎盤とも呼ばれている. (b) 結合組織漿膜胎盤(ウマ.ウシやヤギの胎盤をここに分類することも多い.最近はウシ科の動物の胎盤は上皮漿膜胎盤の特別な型と考える研究者が多い). (c) 内皮漿膜胎盤(イヌ,ネコなど). (d) 血液漿膜胎盤(ヒト,サルなど霊長類,および,ラット,マウスなど齧歯類). (e) 血液漿膜胎盤の迷路型(齧歯類). (f) 血液漿膜胎盤の絨毛型(霊長類). BSL:子宮内膜基底層,CNT:結合組織,DC:脱落膜,F:胎児側,FBV:胎児血管,M:母体側,MBV:母体血管,MYM:子宮筋層,TR:トロフォブラスト,ULE:子宮腔上皮. 舘(1990)をもとに改変)

明されれば,胎盤の形成機構を知るだけでなく,ガンの浸潤・転位機構の解明にとっても有力な手がかりが得られるに違いない.われわれのグループでは,上北尚正(現東京大学医科学研究所)が *in vivo* における子宮や胎盤での MT-1 MMP 発現の観点から,森 英俊(現東京大学医科学研究所),高嶋良吉(現宝酒造),村沢秀俊(現厚生労働省)らが,ホメオボックス遺伝子発現と細胞の運動や組織浸潤の制御との関係を探索する観点から研究を行い,それぞれ興味深い結果が得られているが,目的に向けての第一歩を踏み出したばかりである.

一方，末永昭彦（現埼玉医科大学）は，着床時のトロフォブラスト細胞による浸潤の程度が胚の遺伝的背景によって異なることを明らかにし，この過程が複雑な遺伝子支配を受けていることを実験的に示した．この現象と，上に述べたホメオボックス遺伝子群の発現との関係づけは，もちろんまだなされていない．

　霊長類や齧歯類では，トロフォブラスト細胞が母親の子宮内膜に浸潤して，悪性のガンのように血管内にまでおよんで，母親の血液をトロフォブラスト細胞がつくった複雑な構造の中に引き込むという離れ業をする（図4.8）．こうして，トロフォブラスト細胞は母親の血液と広大な面積で接触して，酸素や炭酸ガス，栄養物質や老廃物，ホルモンや成長因子の交換を行って，胎児の成長を維持しているのである．

　ところで，トロフォブラスト細胞は母親の組織を，文字どおり破壊しながら胎盤をつくるのだが，正常の妊娠では，それが十分に制御されて，ガン細胞の場合のように制御不能に悪性化して母親の死に至ることはほとんどない．

　一般に，分化した霊長類や齧歯類のトロフォブラスト細胞は，機能分化するとともに，生体内では増殖能をほとんどもたなくなり，しばしば，巨大な多核化細胞（シンシチウム）や，多倍体細胞を形成する．このことが，トロフォブラスト細胞の強烈な浸潤能が，悪性化に連ならない理由の一つとも考えられる．このような性質のために，霊長類や齧歯類のトロフォブラスト細胞は *in vitro* で培養するのが非常に困難なことが知られている．

　古くから培養細胞株として用いられているヒトやネズミ類のトロフォブラスト細胞は，ほとんどすべて，悪性化したトロフォブラスト細胞，すなわち，「絨毛膜腫」（choriocarcinoma）細胞である．妊娠の際の正常なトロフォブラスト細胞の浸潤機構や，胚発生や胎児におよぼす影響を知るためには，*in vitro* の実験に使いやすく，しかも悪性化していないトロフォブラスト細胞の培養細胞株が必要である．

己斐秀樹（現医科歯科大学医学部）(1995) は，結合組織を構成するタンパク質の一つであるファイブロネクチンを薄く塗布したプラスチック培養皿でマウスの着床前の胚盤胞を培養すると，トロフォブラスト細胞が激しく増殖する場合のあることを見出した．この際，面白いことに，胚盤胞の培養に用いる胎児血清（FBS）にもともと少量含まれているファイブロネクチンをあらかじめ除いておくと，トロフォブラスト細胞の増殖を示す胚盤胞の割合が非常に高くなる．おそらく，培養皿表面に固定されたファイブロネクチンが，トロフォブラスト細胞表層のファイブロネクチン受容体であるインテグリンと相互作用して，増殖を刺激するのだろう．血清中のファイブロネクチンは，インテグリンと反応して，固定されたファイブロネクチンと細胞との結合を阻害するのかもしれない．残念ながら，このように増殖したトロフォブラスト細胞をクローニングして，株化する試みは行われていない．森　庸厚（東京大学医科学研究所）らも，培養したマウス胚盤胞から，増殖したトロフォブラスト細胞と思われる細胞株を得ているが，その細胞生物学的性質は十分に解明されていない．一方，金井正美（現都立臨床医学研究所）らは，マウスのトロフォブラスト細胞の増殖と分化が，IGF I および IGF II，さらに NGF など，さまざまな成長因子によって段階ごとに特異的な制御を受けていることを明らかにした．

　1999 年には，田中　智が留学先であるカナダのロッサン（J. Rossant）のもとで，マウス胚盤胞から未分化なトロフォブラスト細胞の幹細胞を選択的に増殖させて，細胞株として樹立することに成功した．この細胞は，トロフォブラスト細胞の分化や胎盤の形成機構を分子・細胞レベルで解析するのに役立つだけでなく，胚発生の初期にトロフォブラスト細胞が胚細胞の分化に与える影響を解析するためにも，好適なモデルとして多くの研究者の注目を集めている．

　一方で，ブタ，ウシ，ヤギなど，偶蹄類の胎盤では，トロフォブラスト細胞はほとんど，内膜への浸潤を示さない（図 4.8）．これらの動物では，子宮の中でトロフォブラスト細胞が激しく増殖し，

広大な面積で子宮内膜の上皮組織と接触して，ガスや物質の交換を行っている．これらのトロフォブラスト細胞は，霊長類や齧歯類の場合と異なり，ごく限られた一部の細胞を除いて単核で，培養しても比較的容易に増殖し，培養細胞株として樹立することができる．われわれの研究室では，1998年に，宮崎晴子（現理化学研究所）らが中心になって，ヤギ胎盤から，胎盤性泌乳刺激ホルモン（placental lactogen）の分泌など，機能的な分化を保った状態で，良好な増殖能を示す培養トロフォブラスト細胞株（HTS-1）を樹立することに成功した．この細胞株を用いて低浸潤性の胎盤をつくる動物のトロフォブラスト細胞の機能について解析を行っているところである．興味深いことに，このトロフォブラスト細胞は，合成細胞間基質であるマトリゲル上で培養すると，高い浸潤性を示すことが確かめられた．*in vitro* では高い浸潤能を示すのに，*in vivo* では子宮内膜に浸潤しないのか，さまざまな研究課題がありそうである．

　このような研究から，ガン細胞の悪性度と最も関係の深い，組織浸潤や転移の制御機構を解明して，ガンの新しい治療法を開発する手がかりが得られるかもしれないと期待されている．

　胎盤の構造の点からすると，霊長類や齧歯類の胎盤を，試験管内で培養トロフォブラスト細胞に構築させることは，当分の間，至難の業であると考えざるをえない．対照的に，偶蹄類の胎盤構造は，浸潤の過程を含まない分，単純である．ひょっとすると，人工胎盤開発の手がかりは偶蹄類の胎盤にあるのではないだろうか．

　胎盤は出産の際に捨てられる器官なので，20世紀の中頃まであまり生物学者の関心をひかなかった．しかし，発生生物学や分子生物学の進歩，そして，免疫学の進歩にともなって，胎盤の生物学的特異性や重要性が改めて認識され，多くの先進的な研究が行われるようになった．その結果，胎盤の構造や機能の予想以上の複雑さが明らかにされつつある．胎盤は，生物が進化の過程で長い間かけてつくり上げた，驚異的に精緻な機構で満たされた器官なのである．

「人工胎盤」がなかなか完成しないことは，倫理的には，むしろ，喜ぶべきことであるかもしれない．しかし，妊娠が女性や雌動物の過大な負担によって成立していることは明らかな事実である．男女の機会均等が社会の趨勢である現在，もし，完全な機会均等を実現するとすれば，「人工胎盤」の開発は人類の重要な課題であろう．正常の妊娠が近代医学の対象になったときに，人類はすでに医学の存在と介在を前提とした，生物学的にはまったく新しい進化の道を歩みはじめた．そして，そのはるかな道の先に，人工胎盤が可能にした，新たな人類社会があったとしても決して不思議ではないのである．

# 5 発生革命

## ● 1　生殖細胞と体細胞

　　　　大部分の生物学者にとって，生物進化を説くダーウィンの進化論の基本的な部分は，すでに，いわば証明済みの定理のようなもので，また，一般社会にも広く受け入れられているように思える．もちろん生物学者の間でも，理論的な分野の研究者を中心に，進化論をめぐる議論は今でもさかんに行われていて，決着のついていない問題はたくさんある．しかし，進化という現象を認めるか否かということと，進化を起こす要因についてダーウィンの仮説を受け入れるか否か，あるいは，ダーウィンの進化論の論理構造が正しいか否かを問うこととは，まったく別の話である．

　　　　19世紀の中頃に提唱された進化論は，キリスト教的な生命観と相いれず，当時，多くの論争を生んだ．しかし，現代にまでその論争が引き継がれていることは，日本的文化風土からは理解に苦しむことである．たとえば，現代文化・文明の象徴的な存在であるアメリカで，宗教的な理由から，進化の現象そのものを中学校や高等学校の生物学で教えることを禁じているところがあるという記事を新聞や雑誌で読んで，驚いた記憶のある人は少なくないだろう．アメリカのカンザス州の教育委員会が，中学校や高等学校における進化論の教育を標準的な生物学の教育基準としてようやく認めたのは，

2001年2月14日のことである．

　仏教は進化論にそれほど大きな抵抗を示さなかった．もっとも，仏教の輪廻転生思想での生命は，たとえ現世では人間であっても，前世，または，後生が人間である保証はなく，1世代で犬・猫や牛馬はまだしも，カやトンボにもなりかねない慌ただしさである．それに比較すれば40億年におよぶ生物進化による変化は，はるかに穏やかな生命の流れであり，そのことが，そもそも進化論に関する論争を日本で生まなかった理由であるのかもしれない．輪廻転生思想は，世代を越えた生命の連続性を洞察した点では卓越していたが，遺伝情報の連続性を見落とした点で，近代に連なる生命観や生命科学を生む母体にはならなかった．

　20世紀の生命科学は，生命の連続性が遺伝情報の連続性であり，さらに，遺伝情報の担い手である生殖細胞の連続性でもあることを明らかにした．ヒトを含む動物の個体を構成する細胞に，体細胞系譜 (somatic cell lineage) と生殖細胞系列 (germ cell line) とがあることに生物学者が気がついたのは19世紀の終わり頃で，ドイツの生物学者ワイスマン (A. Weissmann) がこの考え方を体系化した．生殖細胞系列は，個体を超えた生物進化の流れの中で連続性を保っている点で，個体の発生過程における連続した細胞分化の「系図」を意味する体細胞系譜と異なっている．

　われわれヒトのからだをつくる体細胞は約60兆個あると言われているが，生物進化の途上における体細胞の起源は，可愛らしくて，ささやかなものであった．プレオドリーナ (*Pleodorina illinoiensis*) と呼ばれる原生生物は，群体を形成するボルボックス (*Volvox*) 類の一種で，32個の個虫から構成されているが，その中の28個が生殖細胞としてはたらき，4個が体細胞として機能していることが，20世紀の初頭にマートン (H. Merton) (1908) によって発見された (図5.1)．プレオドリーナは，体細胞と生殖細胞の区別が生じた最も原始的な生物の一つであると同時に，個体死の起源を代表する生物でもある．プレオドリーナ以降，人類に至

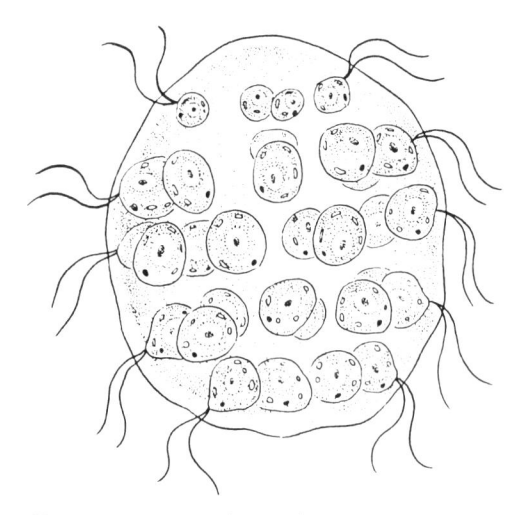

図 5.1 ボルボックス（Volvox）類の一種 *Pleodorina illinoisensis*
上部の4個の細胞が体細胞として機能する．（図は Merton, 1908 をもとに改変．舘，1990 による）

る動物界の生物進化の過程で，体細胞は著しい変貌を遂げた．数の違いだけでなく，機能の分化の複雑さも桁違いで，いわば，竹トンボとジェット機ほどの違いである．生殖細胞も，体細胞と同じように桁違いの進化を遂げてもよさそうなものであるが，精子や卵細胞の形態や機能は，無脊椎動物から脊椎動物まで，むしろ比較的よく似通っている点が際だっている．この事実は，生殖現象の最も本質的な部分が生物進化の早い時期にほぼ完成し，その周辺を修飾する機能が高度の分化を遂げてきたことを物語っている．

　体細胞と生殖細胞とが分化したことが，生物進化の上できわめて重要なできごとだったことについてはプレリュードの章で述べた．さまざまな生物のなかでも，特に動物で顕著に発達した複雑な体制や，高度の機能をもった体細胞の分化は，体細胞が生殖機能から解放されることで，はじめて可能になったと考えることができそうである．植物では高等植物でも，枝や葉など個体の一部の体細胞から，完全な個体を形成させることが可能で，生殖細胞系列と体細胞

系譜とが完全に分離していない．植物の体制が動物ほど高度に発達しなかった理由の一つが，この点にあるのかもしれない．

　動物でもヒドラのように組織性アミクシス生殖（栄養生殖）と呼ばれる「無性生殖」を行う無脊椎動物や，プラナリアのように高度の再生能力を備えた種では，植物と同じように，生殖細胞系列と体細胞系譜とが完全に分離しておらず，からだの一部からの出芽による新個体形成や再生の際には，体細胞から完成した生殖細胞が形成される．このような，体細胞系譜から生殖細胞系列への変換を，仮に「S（体細胞系譜）→ G（生殖細胞系列）変換」と呼ぶことにしよう．体制が高度の分化を遂げた脊椎動物では，発生が進むにつれ，生殖細胞系列と体細胞系譜とは厳密に区別され，いったん体細胞系譜に入った細胞が，S → G変換を起こすことはほとんどない．ほとんどないというのは，ごく限られた場合に，このような変換が起こることがあるからである．

　その限られた場合の一つに，生殖革命の章で述べた，体細胞クローン動物の作出成功を挙げることができる．これまでに体細胞クローニングが成功している動物，すなわち，ヒツジ，ウシ，マウス，ヤギ，ブタなど，いずれの場合にも，核を除去した受精卵に体細胞核を移植することで，生殖能力のある完全な個体が得られており，移植された体細胞核が生殖細胞系列に再分化した，すなわち，S → G変換が起こったことを示している．生体内で，しかも非常に複雑な過程を経てはじめて可能になったことであるが，将来，移植した体細胞核のクロマチンに分子レベルで起こった変化が明らかにされ，また，そのような変化を起こす機構が解明されれば，試験管内で培養した体細胞にS → G変換を誘導することが可能になるだろう．

　無脊椎動物のショウジョウバエや脊椎動物のアフリカツメガエルでは，発生の過程で卵細胞の細胞質の中に生殖細胞決定因子（GCDF）と呼ばれる物質があって，この因子の作用を受けた未分化な胚細胞が生殖細胞になり，体細胞系譜から分かれることが明ら

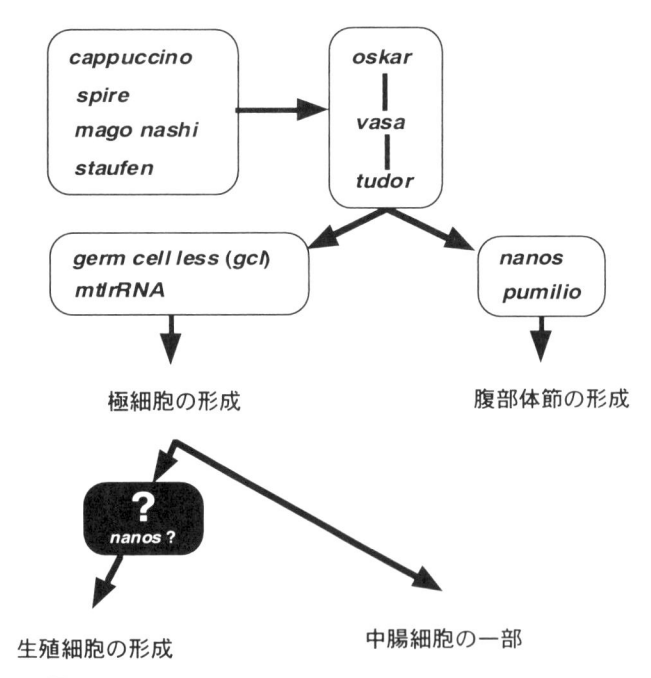

```
    ┌─────────────┐      ┌──────┐
    │ cappuccino  │      │oskar │
    │  spire      │─────→│  │   │
    │  mago nashi │      │ vasa │
    │  staufen    │      │  │   │
    └─────────────┘      │tudor │
                         └──┬───┘
            ┌───────────────┼───────────────┐
            ↓                               ↓
    ┌──────────────────┐            ┌──────────┐
    │germ cell less(gcl)│            │ nanos    │
    │ mtlrRNA          │            │ pumilio  │
    └──────────────────┘            └──────────┘
            │                               │
            ↓                               ↓
       極細胞の形成                    腹部体節の形成
```

図 5.2 ショウジョウバエにおける生殖細胞決定機構を示す模式図
　　　枠内はいずれも遺伝子名．(図は Burnham 研究所佐分作久良による)

かにされている．ショウジョウバエでは筑波大学の岡田益吉と，その門下の小林悟（現基礎生物学研究所）らが，一群の GCDF の分子機構（図 5.2）について，先駆的な仕事を精力的に行っているが，GCDF に関与している遺伝子群が解明されればされるほど，「生殖細胞とは何か」という本来の問題の解決は混迷の度合いが深まり，その複雑な実体が明らかにされるのは，残念ながら，まだだいぶ先のことになりそうである．

　哺乳類では，GCDF の存在そのものに議論があり，ショウジョウバエやアフリカツメガエルの生殖細胞決定機構とは，かなり違うものであると考える研究者が多い．しかし，野瀬俊明（三菱化学生命研究所）により，vasa と呼ばれるショウジョウバエの生殖細胞決定因子の一つをコードする遺伝子のホモローグがマウスで同定されたのをはじめ，nanos や gcl と呼ばれる，同じくショウジョウバ

エの GCDF 遺伝子のホモローグもマウスで単離されている.

われわれのグループでは，佐分作久良（現アメリカ・カリフォルニア州 Burnham 研究所）が，マウス未受精卵細胞質内における gcl のホモローグの探索から出発して，前半部がガン細胞から発見された核タンパク質である MAGE ファミリーと呼ばれるタンパク質をコードし，後半部がトロフィニンというトロフォブラスト細胞の接着分子の一部をコードしている mRNA を見出し，塩基配列から推定されるタンパク質をマグフィニンと命名した．その後の研究で，マグフィニンをコードしているのは，実は，非常に大きな遺伝子で，トロフィニンはそのほんの一部にすぎないことが明らかになっている．

前半部が核タンパク質で後半部が膜タンパク質という構成をもち，分化における細胞間コミュニケーションに大切な役割を果たしているものとしては，ショウジョウバエの Notch と呼ばれるタンパク質がある．マグフィニンの機能はまだ確かめられていないが，佐分らの精力的な研究の結果，卵巣や精巣で生殖細胞の細胞分裂や減数分裂の制御を行っているらしいことが明らかにされつつある．

一方，生殖系列の細胞として，発生過程で一番最初に体細胞系譜から分離する始原生殖細胞の側から，生殖細胞と体細胞との違いを解明し，S→G 変換の機構に迫ろうと試みているグループもある．わが国では，培養された始原生殖細胞の生残や増殖の調節機構で先駆的な仕事をした松居靖久（大阪府立母子センター）や，始原生殖細胞に発現している遺伝子を軒並み同定しようと意欲を燃やしている阿部訓也（熊本大学）らが，それぞれの立場から研究を進めている．いずれ，分子機構に迫る手がかりが得られることだろう．

死ぬことを運命づけられた体細胞を，生物進化の潮流の本流である生殖系列にもどして永遠化する S→G 変換には，応用上の意味もさることながら，基礎生物学的に大きな意味が含まれている．

## ● 2 試験管でつくる精子と卵細胞

　哺乳類のバイオテクノロジーは，1950年代から1970年代にかけて行われたヒトを含むさまざまな動物の体外受精の成功にはじまり，キメラやトランスジェニック，遺伝子ノックアウト，そしてクローン動物の作出成功と，めざましい進歩を遂げてきた．しかし，このような進歩は，主に初期胚操作を中心にしたもので，その前後，すなわち配偶子をつくるところと，妊娠して子供にするところは，現在でも動物に頼らなくてはならない．

　精子は雄に射精させることで大量に得ることが可能であるが，ヒトや家畜はともかく，野生動物ともなれば，射精させるのも一騒ぎである．サルに電気刺激で射精させようとしてもうまくいかないので，研究者が自分で試してみた結果，「火傷をした」という，とんだ悲喜劇も生まれる（和，1982）．

　卵細胞となると，排卵後に，ヒトや動物を傷つけないで回収することは技術的に難しく，実験動物や家畜ではほとんどの場合，動物を殺して卵巣や卵管から得ることになる．野生動物では，体外で卵成熟を起こさせる方法や，体外受精の条件などもほとんど確立されていないから，多数の卵細胞を用いて実験を繰り返し，至適条件を決めなければならない．しかし，野生動物の雌を大量に捕獲して，しかも，殺して卵巣をとるというのは非現実的である．ましてや，対象が絶滅危惧種となれば，1匹の雌を殺すのもよほどの事情がない限り許されない．

　前節で述べたように，体細胞を生殖細胞系列に変換することが可能になれば，次の課題は，それらの細胞を試験管内（*in vitro*）で完成した配偶子にまで分化させることである．

　有性ミクシス生殖を行う生物で，体細胞と生殖細胞の基本的な違いの一つは，体細胞が有糸分裂（mitosis）を行うのに対して，生殖細胞は有糸分裂で増殖した後，減数分裂（meiosis）を行って染色体数を半減させる能力をもっている点にある．有糸分裂と減数分

裂の過程は，形態学的に非常に異なるので，分子レベルでその違いを明らかにすれば，培養した体細胞に減数分裂を起こさせることも容易なことのように思われるが，実は，分子レベルで両者の違いを見つけることが予想以上に困難で，いまだに不明なのである．1976年に，岡崎の基礎生物学研究所で，岸本健雄と金谷晴雄はヒトデの卵細胞の成熟分裂（卵細胞の減数分裂を特にこう呼ぶことが多い）の際に，細胞質内に成熟分裂誘起因子（maturation promoting factor；MPF）と呼ばれる物質が形成されることを見出し，ついに，減数分裂の分子的特徴が明らかにされたかと，世界中の期待を集めたが，その後の研究で，物質としてのMPFは，有糸分裂の制御物質と同じものであることが判明し，MPFも現在は，細胞分裂中期促進物質（metaphase promoting factor）として知られている．

哺乳類では，試験管内で卵細胞に成熟分裂を起こさせることが体外受精を実施する上で，実用的に重要な意味があるので，細胞レベルや分子レベルの研究が進んでいる．佐藤英明（東北大学）や内藤邦彦（東京大学）が家畜のブタや，実験動物のマウスを用いて先端的な研究を行っているが，なかなか減数分裂調節機構の本丸に迫るところまでには至らない．一方，中辻憲夫（京都大学）らは，試験管内で始原生殖細胞に減数分裂を誘導する試みを行っている．いずれ，これらの研究から，減数分裂の分子的本質が解明されて，体細胞に自由に減数分裂を起こさせることができるようになるだろう．

しかし，たとえこの難問が解決したとしても，配偶子である精子や卵細胞を試験管内でつくるのは，さらに，はるかかなたに，遠くかすむ道の果てである．

現在，精子形成過程を完全に試験管内で行わせて，精子をつくらせる試みが脊椎動物で成功しているのは，これまでのところ長濱嘉孝（基礎生物学研究所）らのグループで行われたウナギの場合が，唯一の例である．マウスでは，フランスのクザン（F. Cuzin）らのグループが，ポリオーマウイルスのラージT抗原を導入したマウ

スのセルトリ細胞と，精母細胞や精子細胞とを共培養して，精母細胞から精子細胞を，また，精子細胞から精子を分化させることに成功しているが，部分的な成功で，精原細胞から精子に至る全過程が再現されたわけではない．

　わが国では，両生類のイモリを材料として，安部眞一（熊本大学）らが，また，マウスでは野瀬らや藤本弘一（三菱化学生命研究所）らが取り組んでいる．いずれも，精子形成過程を完全に試験管内で再現するにはまだ至っていない．藤本は，柳沢圭子（当時三菱化学生命研究所）とともに，精子形成の遺伝子支配機構に長年取り組んできて，現在行われている試験管内精子形成はその延長上の仕事である．柳沢は病気のため，1970年の後半から，惜しまれながら実験生物学から引退した．試験管内精子形成が実用化するのは，まだ，だいぶ先のことと思われるが，これまでの研究で，精原細胞から精子に至る各段階での制御機構が少しずつ明らかになりはじめているので，案外それほど遠くない将来，かすんでいた道が急に開けて試験管内精子形成技術が完成するかもしれない．

　試験管内精子形成よりも，実用的に重要なのは試験管内卵形成である．トランスジェニック動物の作出にも，クローン動物の作出にも，卵細胞が欠かせないが，先にも述べたように卵細胞を動物から得るのは技術的に困難なことが多く，また，一度に得られる数も少ない．哺乳類では，胎児期の卵巣には多量の卵原細胞があり原始卵胞を形成しているが，これらの原始卵胞は胎児の成長過程から失われはじめ，出生後から生殖年齢の終わりに至るまで，増えることなく一方的に失われる．胎児や，若い雌の卵巣から原始卵胞を分離して，試験管内で成熟卵胞に至るまで培養することが可能になれば，多数の卵細胞を容易に確保することができるので，世界中で多くの研究者が，原始卵胞の効率的な分離法の開発や，成熟卵胞までの培養法の確立を試みている．なかでも，イギリスのムーア（G. Moor）やゴスデン（R. Gosden），アメリカのエピッヒ（J. J. Eppig）ら，また，わが国では，加藤征史郎（神戸大学）らのグル

ープが，多くの先駆的な仕事を行った．現在，マウスでは原始卵胞から成熟卵胞まで培養することが可能だが，家畜やヒトで実用的な技術として用いるためにはまだ多くの問題が解決されなければならない．

　ES細胞や体細胞から転換した生殖系列細胞から原始卵胞をつくらせ，さらに，成熟卵胞にまですることができるようになるのは，今世紀のいつ頃のことだろうか．われわれも，このことを夢見て，だいぶ前から，縄野雅夫（現田辺製薬）や中川慎一郎（現日本新薬），柘野通子（現理化学研究所）らと一連の実験を開始したのだが，仕事は志にはるかに遠くおよばない段階で停滞したままである．

　一般に，哺乳類の雌動物の生殖年齢は雄に比較して短い．すなわち，精子形成はかなりの高齢でもほぼ正常に起こるが，卵形成は一生の中で，かなり早い時期に停止してしまう．もしも，S→G変換が可能になり，さらに，試験管内で精子や卵細胞をつくることが可能になれば，優れた形質をもつ雄や雌の配偶子を使用できる年限を，ほとんど無期限に延長することが可能になる．これを，体外受精や胚移植技術と組み合わせれば，特定の個体の子孫をつくり続けることができ，家畜や実験動物では，育種の効率を著しく上げることができる．先に述べたクローン動物と似た点があるが，クローン動物が完全なコピー動物であるのに対して，こちらは一定の範囲の変異をともない，しかも，自由に精子と卵細胞の組合せを変えることのできるところに特徴がある．

　また，絶滅の危惧されている野生動物を人工的に繁殖して保護しようとしても，先に述べたように卵細胞や精子を採取することが困難な場合が多いので，培養した体細胞から配偶子を得る方法が確立できれば，野生動物の保護にも強力な手段となるだろう．

　ヒトでは，試験管内のS→G変換でつくった生殖細胞を用いて，更年期以降の女性が自由に子供をつくることができるようにすることができる．現在，社会の複雑化にともなって，女性の結婚年齢や

初産の年齢が高齢化し，女性の実質的な生殖年齢は短くなっている．先にも述べたように，女性の社会進出の上で，結婚や出産が大きなハンディキャップとなっていることは疑いのない事実であり，また，有能な女性の能力を十分に活用できないのは社会的にも大きな損失である．未来の社会において，男女の機会均等を真の意味で実現し，同時に，人口を一定のレベルに維持して日本人の民族的エネルギーを保つためには，女性の生殖年齢を延長し，高齢になって，第一線の社会活動から引退してから，子供を産むことができるようにすることが必要になるような時代が来るかもしれない．バイオテクノロジーの進歩が，文字どおり，男女の機会均等の社会を生むことを可能にするのである．

## ● 3　全能・多能・万能細胞

　樹齢が長く巨大に成長する樹木でも，可憐な一年生の草花でも，多くの植物で，1本の小枝や葉の1枚，あるいは根の一部から完成した個体を育てられることは，古くから知られている．さらに，培養技術を使って，植物の体細胞である茎頂細胞や葉の組織細胞の1個から，試験管内で完全な個体をつくることもできる．生殖生物学の観点からすると，植物では体細胞系譜と生殖細胞系列が十分に分離していないと考えることができることについては，すでに述べた（本章● 1）．

　動物で，植物の挿し木に一番近いのは無脊椎動物のアミクシス生殖（組織性アミクシス生殖）や再生の場合だろう．たとえば，ヒドラでは親となる個体のからだの一部から子が出芽して増える．細かく切り刻まれたプラナリアの小片が，完全な個体に再生する能力をもっていることはよく知られている．また，ヒトデの仲間では，ばらばらにされた1本の「腕」から，完全な個体が再生する（図5.3）．1950年代に，東京湾でヒトデが大発生してアサリに大きな被害が出たときに，漁師がヒトデを採っては手斧で腕をバラバラに

**図 5.3 ヒトデの再生**
切り離された1本の腕から、個体を再生しつつあるヒトデ。実験発生学の古典的研究だが、その機構解明は現代生物学の最前線に連なる。(裏内、入来、1931 から転載)

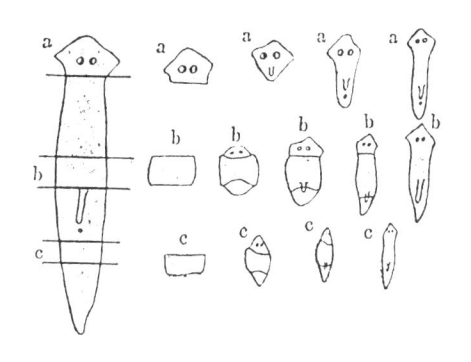

**図 5.4 プラナリアの再生**
プラナリアの再生現象は、生物学の文字どおり古典的な研究課題であるが、その遺伝子・細胞レベルの研究ははじまったばかりである。後に述べる哺乳類におけるES細胞の樹立や、体細胞クローニングの成功が、ほぼ100年前に行われた実験に、新たな関心を集めつつある。(図は T.H.Morgan, 1901 から改変)

し、これでにっくき奴めもおしまいだろうと、海に投げ捨てていたという話があった。結局、ヒトデは増えていたに違いない。

　無脊椎動物には強い再生能をもつものが多く、なかでもプラナリアの再生現象は発生学の古典的な研究課題である (図5.4)。しかしプラナリアといえども、まだ1個の細胞から出発して完全な個体をつくることはできない。クラゲの体細胞を培養して、1個の細胞が外胚葉、内胚葉、中胚葉の3胚葉のそれぞれから生ずる器官を形成する能力をもっていることが実験的に示されているが、完全な個体をつくるところまではいっていない。プラナリアの組織に再生能力を失わせることなく、どこまで小さくできるのか、そして、究極的には1個の細胞から完全な個体をつくることができるのか。この問題は、岡山大学の阿形清和らによって、研究が続けられている。第2次大戦前の京都大学と東京大学で動物学を研究し、日本の実験形態学や実験発生学の生みの親として著名な岡田 要 (1891-1973) は、さまざまな動物の再生現象について先駆的な成果を挙げ、西欧の生物学者から「東洋の魔術師」と呼ばれたとのことである。新世代の「魔術師」の出現を期待しよう。

受精卵や未分化な初期胚の細胞，あるいは，植物の体細胞のように，1個の体細胞が完全な個体をつくる能力をもつことを，発生学では全能（totipotent）である，または，全能性（totipotency）をもつといっている．胚発生の過程で，胚細胞は次第に分化能を失い，全能から多能（pluripotent）の状態，すなわち多能性（pluripotency）となり，最後に，神経や筋肉，上皮など，決められた組織や器官の細胞として終末分化（terminal differentiation）を遂げる．多能は幅の広い言葉で，ほとんど全能と変わらない状態から，2種類の細胞への分化能をもつ状態までをすべてまとめてこう呼んでいる．

　脊椎動物になると，からだの一部から新しい個体が生まれたり，切り取られた組織の小片から完全な個体を再生したりする能力は失われている．もちろん，哺乳類を含む脊椎動物で，再生能力が完全に失われたわけではなく，皮膚の切り傷や火傷が，あまり重度でなければ自然に治癒するように，限られた範囲では強い再生能力をもっている．内臓でも，肝臓は強い再生能力をもっており，部分的に切除されても短期間にほぼ元の大きさに匹敵する器官に再生する．しかし，無脊椎動物に比較すると，脊椎動物の細胞が再分化して組織や器官を再生できる範囲はきわめて限られたものにすぎない．おそらく，脊椎動物のような体制の複雑な動物では，発生過程で体細胞の分化を限られた範囲にとどめ，また，分化の決定を段階ごとに不可逆的にしておくことが，胚発生を円滑に進めるために不可欠なのだろう．

　哺乳類の初期胚は受精後に卵割を繰り返して細胞数が増えるが，少なくとも8細胞期までは，それぞれの細胞（割球）が全能性をもっていると考えられている．その後，胚細胞は，将来胎盤をつくる細胞であるトロフォブラスト細胞（栄養芽細胞，栄養芽層細胞，栄養膜細胞などと訳されている）と，胚そのものをつくる細胞とに分かれ，胚盤胞と呼ばれる哺乳類に特有な発生段階に到達する．胚盤胞では，胚をつくる細胞は内部細胞塊と呼ばれる未分化な細胞の集

団を形成している.

　マウスを例にとると,早い時期の胚盤胞には約100個前後の胚細胞があるが,その中の大部分はトロフォブラスト細胞と,その前駆細胞で,将来,胚そのものをつくる細胞の数はごくわずかである.このような胚のもとになる細胞,すなわち,胚の「幹細胞」が,着床前の胚盤胞の内部細胞塊に何個あるのかについては,さまざまな議論が行われたが,3個であろうという説が,キメラマウスの組織の解析結果をもとに,哺乳類の実験発生学・発生工学の開拓者ミンツ(B. Mintz)によって提唱された.エール大学のマーカート(C. L.Markert:所属は当時)とペタース(R. M. Petters)は,白・黒・黄のそれぞれの被毛色をもつマウス系統を用いて,「三色キメラマウス」をつくることに成功し,胚の「幹細胞」が'少なくとも3個はある'ことを実験的に示した.われわれが行ったキメラマウスの被毛パターンの解析結果も,「3個説」を支持している.3色キメラマウス以後,4色以上で生殖系列が全系統由来であるキメラマウスはつくられていないので,「3個説」が現在のところ最も有力である.これらの3個の細胞は,それぞれ,1個から完全な個体ができた記録はないので,全能とはいえないが,全能に非常に近い多能であることは間違いない.

　受精卵や,卵割期の胚細胞は普通の細胞とずいぶん異なる構造をしているので,簡単に増殖させることはできないが,これらの「幹細胞」は一見,普通の細胞によく似た構造をもっている.したがって,取り出して培養すれば,増やすことができそうである.もしも,そのようなことが可能になれば,何十万,何百万という単位で,高度の分化能を備えた細胞のクローンを得ることができるはずである.

　1981年にイギリスのエバンス(M. J. Evans)とカウフマン(M. H. Kaufman)およびアメリカのマーチン(G. R. Martin)は,培養した胚盤胞の内部細胞塊から,実際に,全能に近い分化能を保った細胞を増殖させることに成功した.これらの細胞は胚性幹細胞,

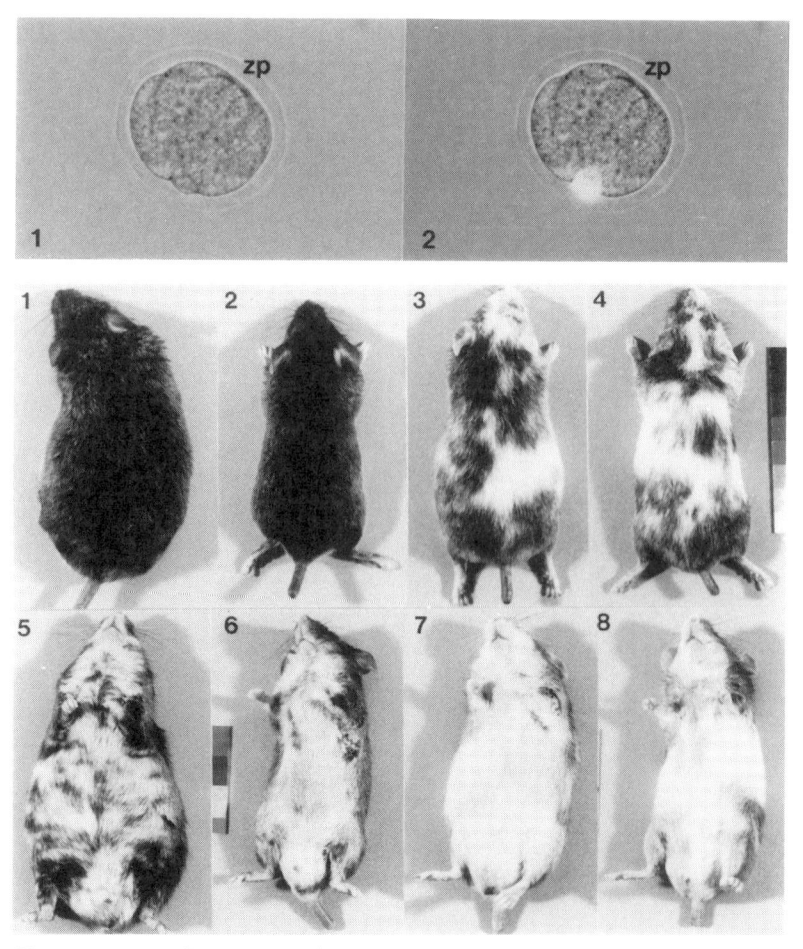

**図 5.5** 単一の胚性幹細胞（ES 細胞）をマウスの 8 細胞期胚に顕微注入して得られたキメラマウス
1 個の ES 細胞が高度の多能性をもつことを証明した．上段は 1 個の ES 細胞を注入したマウス初期胚．下段は，上段に示したような胚から得られたキメラマウス個体．（佐分 作久良ら，1997）

または，ES 細胞（embryonic stem cell の略）と呼ばれている（図 5.5）．その後，ES 細胞に試験管内（*in vitro*）で複雑な遺伝子操作を行って，それらの細胞を用いてキメラマウスをつくり，さらに得られたキメラマウスを交配して，操作された遺伝子をもつ個体を得ることができることが示された．この方法は，選択的な遺伝子

破壊（遺伝子ターゲティング，または，遺伝子ノックアウト）や遺伝子導入（遺伝子ノックイン）の影響を個体レベルで解析するための，発生工学の強力な道具になった．

　最近，マスコミではES細胞のことを万能細胞と表現していることが多い．多くの辞書では全能の同義語として万能を挙げているので，どちらでもよいようなものであるが，「全能の神」と「万能の神」は多少ニュアンスが異なる気がする．文字どおりに見れば，全と万では，明らかに万は全の部分集合で，万の方が分が悪い．もっとも，万能が，全能ではないが非常に高度の多能を意味するのだとすれば，ES細胞の状態を言いえて妙である．

　ところで，ヒトの胚盤胞からES細胞を得て，それらを試験管内で分化誘導し，さまざまな組織や器官を自由に形成させることができるようになれば，移植医学が画期的に進歩することは明らかだが，移植を受けた患者の免疫系が起こす拒絶反応の問題は残る．もしも，自分自身の体細胞を使って，ES細胞をつくることができれば，免疫拒絶反応の問題もまったくない移植用の組織や器官をつくることができるだろう．文字どおりの夢の医療が実現する．

　体細胞クローンヒツジの成功は体細胞核の遺伝子発現プログラムが，卵細胞質に含まれる未同定の因子のはたらきでリセットされて，全能性を回復したことを示している．このような因子の存在は，すでに，ガードンのアフリカツメガエルの実験で示されているのだが，それ以後，30年以上にわたって，その分子レベルの実体について，ほとんど研究の進歩がなかったという基礎生物学の怠慢が，ドリーの出現で「バレ」てしまったのである．DNAのメチレーション，遺伝子のインプリンティング，ヒストンのアセチレーションなどが，遺伝子発現のプログラムを制御する鍵として重要な役割を果たしているらしいことは，多くの研究者によって繰り返し指摘されてきたが，これらの現象と全能性との関係については，まったくと言ってよいほど，具体的なことは何もわかっていない．ドリーがきっかけとなって，これらの因子が分子レベルで明らかにされ

れば，培養した体細胞から自由に，高度の多能性を備えたES細胞をつくることができるようになるだろう．塩田邦郎（東京大学）らのグループは，DNAのメチレーションと細胞分化の問題に，主にトロフォブラスト細胞を用いて，また，河野友宏らは卵細胞について，それぞれ本格的な取組みを開始している．

　発生における全能性と多能性，また，終末分化の問題は，基礎生物学の最も古典的かつ中心的な課題の一つであったはずであるが，現在は農学と医学で，応用動物科学的観点から基礎研究が強力に進められている．

　こうした基礎研究の成果が実り，全能性の遺伝子レベルの機構が明らかになるまでは，アメリカでの成功が報じられたようにヒトの体細胞核をウシなど他の動物の卵細胞に移植するなど，卵細胞質というブラックボックスの力を借りて，「万能細胞」をつくらなければならない．ただしこのような借細胞質によってつくった「万能細胞」では，ミトコンドリアが他種，たとえばウシ由来になるので，そのままでは掛け値なしの万能細胞ではなく，ウシ印付きの「万能細胞」である．

　生まれつき腎臓が悪く，透析で生きながら腎臓のドナーの出現を待っていた少女に，ようやく現れたドナーが，普段病院で仲よくしていたおじいさんであり，前の晩に亡くなったのだと聞かされて，少女は移植を断り，透析を続けながら大学を卒業したという（佐藤英一，1999）．これは，移植を待つ多くの人々に共通したジレンマだろう．自分が生きるために他人の死を待つことに疑問を感じた少女の感性に答えることが，科学の力であり，人類文化を進歩させる原動力だと思うのである．

# 6 生態革命

## ● 1 絶　　滅

　生物の種が絶滅するのは，決して珍しいことではない．恐竜やマンモスは，化石や凍土に埋まった個体が残り，その巨大さや特異な形態でわれわれの関心をひくが，進化の過程で何の痕跡も残さずに絶滅した生物種の数は，天文学的な数字にのぼるはずである．40億年にわたって，地球の生態系はスクラップ・アンド・ビルドを自然のルールとして繰り返してきた．現在，地球上に存在する生物種は，アメリカの生物学者ウィルソン（E. O. Wilson）の推定では，低めに見積もって400万種，より楽観的な生物学者によれば，3000万種あるいはそれ以上であると推定されている．一方，アマゾンなどの熱帯雨林の開発によって絶滅する種は，ウィルソンの調査によれば，1年当たり4000〜6000種であろうという．これは熱帯雨林だけでの数であるから，地球全体では，もっと大きな数になるに違いない．自然の絶滅速度は，やはり熱帯雨林での推定値で，10年間当たり4〜6種とされているから，人類の活動によって絶滅の速度は約1万倍に加速されたことになる．

　人類の方が，地球環境によく適応して繁栄しているのであるから，熱帯雨林で人知れず生きていた植物や動物が絶滅して何が悪い，適者生存が生物進化の原理であることは，天才ダーウィンが主

張したとおりではないか，絶滅ではない，必然的な淘汰なのだ，と開き直ることもできるだろう．

　生物学者の間でダーウィンの自然淘汰説をめぐって，多くの議論がされていることはさておくとして，われわれの1世代前の人々や，それ以前の人々にとって，生活のために森林を伐採したり，稀少な動植物を狩ったり採集したりすることは，むしろ当然のことであった．アメリカでは，リョコウバト（*Ectopistes migratorius*）が羽根布団の材料として大量に殺され，1914年9月にオハイオ州シンシナチ動物園に残されていた最後の1羽が死んだことで絶滅した（宮下，1978）．かつてこの鳥は，大木の枝がとまった鳥の重みで折れるほど無数にいたのである．同じアメリカで，一時期は7500万頭もいたと推定されているアメリカバイソンは，西部に進出するパイオニアたちによって食料や，毛皮の材料，あるいは単なる狩猟の標的として，最盛期には年間700万頭が殺戮されて，ついに200頭にまで激減した．その後の保護活動が辛うじて間にあって，現在，約2万頭にまで回復したという（宮下，1978）．マダガスカル島の巨大な鳥，エピオルニス（*Aepyornis maximus*）は，フランスからの植民が，その肉や卵を食料として使うことで，絶滅が加速され，伝説の鳥になってしまった．

　これらのできごとは，文化の違う異国の他人ごとではない．日本では，トキやアホウドリが，同じような人間の経済活動の犠牲となった．トキの場合には乱獲に農薬の使用が拍車をかけて，残念ながら絶滅してしまった．*Nipponia nippon*の学名をもつ日本のトキの絶滅が，日本の未来を暗示する前兆でないことを切に祈ろう．

　アホウドリは，やはり羽布団用の乱獲で減少したところに，島の火山活動が致命的な打撃を与え，一時10羽までになったが，長谷川博（東邦大学）による，長年の文字どおり献身的な努力によって，1999年4月には，ようやく1000羽を超えるまでに回復し，ほぼ安全圏に達した．次の目標は5000羽とのことであるが，時間の問題だろう．

かつて，南氷洋で捕鯨船の舳先で銛を撃つ砲手は勇壮な海のヒーローだった．今では捕鯨に反対しているアメリカが捕鯨国であった時代もある．どうして捕鯨がいけないのか，不可解だという人は今でも少なくないだろう．戦後まもなくの日本で，南氷洋の捕鯨はわが国が世界に誇りうる数少ない産業の一つであった．中高年の人のなかには，南氷洋という言葉を熱い想いで聞いた少年時代を思い起こす人もあるに違いない．

　わが国はきわめて限られた量だが，現在も調査の名のもとに捕鯨を続け，また，国際的な規制を緩和するように繰り返し求めてもきた．ヨーロッパでもノルウェーは，国際捕鯨委員会（IWC）の決定に反して，1993年から商業捕鯨の再開を強行している．クジラの場合には，単に数の問題だけでなく，クジラの知能が高いからという側面があり，動物の生死に関する生命哲学や生命倫理の問題がからんでいて解決が難しい．

　オオカミやトラなどの「害獣」を狩ることは，文字どおり人類の敵との英雄的な対決であり，それらの獲物からつくった敷皮は強者のシンボルであった．その結果，ニホンオオカミ（*Canis lupus hodophilax*）は絶滅し，トラは世界各地で絶滅が危惧されはじめた．

　一体，人類はなぜ突然に，生物の絶滅に強い関心をもつようになったのだろうか．さまざまな理由を挙げられるが，大きな原因の一つは，人類自体が絶滅危惧種になりつつあることだろう．

　原子爆弾に代表される，第2次世界大戦の戦中戦後に開発された大量無差別殺戮兵器は，人類が自ら絶滅に至る悪夢を現実のものとした．また，第2次世界大戦はナチスドイツによる「劣等民族」の殺戮による排除という悪夢を残した．カンボジアのポル・ポト政権の暴虐や，アフリカの血生臭い部族間抗争，ユーゴによるコソボ自治州の「民族浄化」は，いずれもわれわれの記憶に新しい．そして，多民族国家であるアメリカで時折起こる無差別銃撃事件には，ナチスの幻影が見えかくれする．

エリートを自称する民族による，他民族の大量殺戮はいまだに過去の遺物ではない．人類の動物に対する優越感が引き起こす絶滅は，一部の民族の優越感が他民族の根絶につらなる可能性を暗示する．西欧の肉食文化のなかで，ヒトと動物の境を区別する規範の中心は宗教であるが，宗教の弱体化はその境界をあいまいにする．肉食文化は，やっかいな問題を抱えているのである．「劣等民族」を家畜のように扱って，ついには，殺した人々の死体から石鹸をつくったナチスが，プロテスタントの発祥の国に生まれたことは，世界にキリスト教の限界と弱点を気づかせた．

　一方では，プレリュードの章で述べたように，人類文化の象徴である都市開発や機械文明の進歩が自然を破壊し，養老孟司の表現を借りれば，人類は自らの脳が生んだ文化によって，生物としての存在を自ら否定するパラドックスに陥りつつある．人類は，他の生物種を絶滅に追い込んでいるだけでなく，自ら絶滅危惧種への道を着実に歩んでいる．

　人類が絶滅させた生物を復元することは，地球生態系に対する人類の責任であるだけでなく，人間がもつ理解しがたい無分別や狂気によって殺戮された膨大な数にのぼる人々へのささやかな鎮魂であり，人類の未来に対する警告であろう．

　それでは，自然に絶滅した化石生物を復元することには，どのような意味があるのであろうか．われわれの住む地球は，現在，生命の存在が知られている唯一の天体である．地球における生命進化の後をたどり，多様な生命現象の理解を深めることは，自然のもつ合理的な必然と，偶然に支配された特異な現象とに導かれた，生命に固有な法則を明らかにしてくれるはずである．そして，それらの知識は，われわれが地球生態系や宇宙の中での，われわれ自身も含めた生命の未来像をえがく上で貴重な手がかりを与えてくれるに違いない．

　現代の生命科学はどの程度，このような問題に対応できるのだろうか．世界の各地で見出されている恐竜の化石や，カナダのロッキ

一山中で発見されたバージェス頁岩中に埋もれた多数のカンブリア期の無脊椎動物の化石は、それがいかに素晴らしいもので、多くの形態学的な情報を残しているといっても、遺伝子を回収することは、どんなに応用動物科学が進歩したとしても、到底できない相談である。今後、われわれにできることは、これらの動物の化石をもとに、現存の動物種のなかに近縁のものを見つけ、それをもとに、ゲノムの遺伝子を設計し直すことしかないだろう。

琥珀は、樹脂が化石化したものだが、樹脂が分泌された当時に近くにいた昆虫などの小型生物を封入して、非常によい状態で保存していることが確かめられている。1982年には、琥珀に封入された小型のハエの一種の組織を電子顕微鏡で観察したところ、細胞の微細構造まで、よく保存されていることが明らかにされて、世界中の研究者を驚かせた。

古代人の骨やミイラの皮膚からDNAをとり、遺伝子を回収する試みは1980年代からアメリカのペーボ（S. Pääbo）らによって行われはじめたが、微量のDNAから特異的な配列を大量に増幅することのできるPCR法が普及して、古代DNA（ancient DNA）や化石DNAの研究は急速に進歩した。1990年代に入ると、2500万年から3000万年前に琥珀に封入されたシロアリやハエの仲間から遺伝子が回収され、その塩基配列が明らかにされた。たとえば、太古のシロアリの一種（*Mastotermes electrodominicus*）から得られたDNAは、年代の経過を考えれば、驚くほどよく保存されており、18SのrRNAをコードする遺伝子の部分配列が決定された。その結果、現存種であるダーウィンムカシシロアリ（*M. darwiniensis*）との関係が明確にされ、従来、あいまいであったシロアリ類とカマキリやゴキブリ類との系統的な関係が明らかになった（図6.1）。

これらの研究成果をきっかけに、SF映画『ジュラシックパーク』がつくられた。映画は、琥珀に保存された吸血昆虫のDNAから恐竜を復元する話で、それまで地味な基礎研究のテーマであっ

1 絶　滅　◆105

```
            ┌── 琥珀に封入されたムカシシロアリの一種
            │    (Mastotermes electrodominicus)
         ┌──┤
         │  └── ダーウィンムカシシロアリ
         │      (M. darwiniensis)
      ┌──┤
      │  │  ┌── スダマシロアリ属 (Nasutitermes)
      │  └──┤
   ┌──┤     └── オオシロアリ科の一種 (Zootermopsis)
   │  │
   │  │  ┌── カマキリ属 (Mantis)
   │  └──┤
───┤     └── ゴキブリ亜目の一種 (Blaberus)
   │
   ├────── 直翅目の一種 (Warramabe picta)
   │
   ├────── ショウジョウバエ属 (Drosophila)
   │
   └────── カワゲラ目の一種 (Pteronarcys)
```

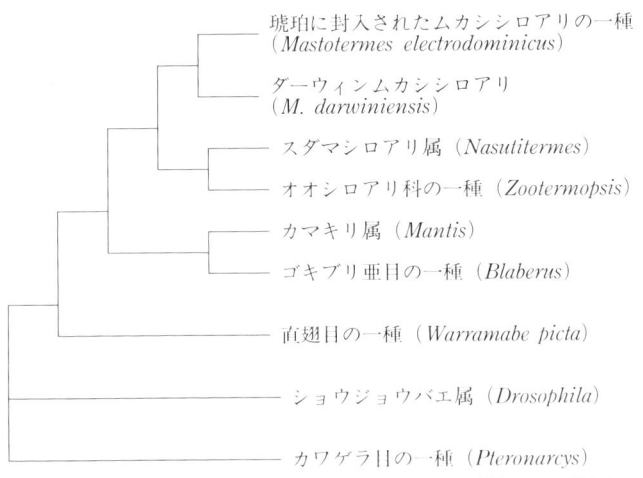

**図 6.1** 琥珀から取り出したシロアリの個体から得た rRNA の配列をもとに明らかにされた昆虫の系統図（DeSalle *et al.*, 1992 による）

た，古代 DNA が，一躍，一般の人々の関心をひくようになった．もちろん，映画は実際に行われている研究をもとに，空想で肉づけしたものだが，空想のスピードは，現実の研究室のスピードよりも1世紀は早そうである．琥珀に封入された動物は，古代 DNA の非常によい材料であるが，特定の生態環境にあった昆虫などの小動物に限定され，大型の脊椎動物などの生物が封入されて保存されていることは期待できない．脊椎動物では，標本や加工製品として残りやすい骨や毛皮が古代 DNA の材料となる場合が多い．幸いにアルコール漬けやホルマリン漬けの標本が残っていれば，見通しは一段と明るくなるだろう．しかし，多くの標本は，遺伝子解析や復元を想定して保存されていないので，その DNA は著しく切断されたり，化学的に反応して変化したり，あるいは変性したタンパク質が不可逆的に結合したりしていて，部分配列はともかく，機能遺伝子を取り出すことは非常に難しい．ヒトのゲノムプロジェクトでも，きわめて状態のよい DNA から出発して，世界中で解析を行っても，全遺伝子の塩基配列を決定するのに，20～30年の年月がかかるのだから，損傷した古代 DNA からゲノムを復元するのは文字ど

おり至難の業である．

　例外的に，自然の状態で凍結保存された個体を残して絶滅した動物にマンモスがある．凍結保存されているといっても，実験室で行うように，死後直ちに，理想的な低温で凍結されたわけではないから，そのDNAも相当に破壊されているに違いない．しかし，精子頭部のDNAは，プロタミンと呼ばれる塩基性のタンパク質で通常のヒストンが置き換えられ，化学的に安定化されていること，また精子では，通常の体細胞が細胞質中にもつDNaseなど加水分解酵素を含むリソソーム（lysosome）が変形して先体という特別な構造になっているので，おそらく核DNAがDNaseによる分解を受けにくいと考えられることなどから，体細胞核のDNAよりもよい状態で保存されていることが期待されている．

　発生工学の手法の一つに，精子の頭部を微細なガラスピペットを使って精子を直接卵細胞の細胞質内に注入して受精を成立させる，卵細胞質内精子注入法（Intracytoplasmic Sperm Insemination；ICSI）と呼ばれる方法がある．この方法は，1962年に平本幸夫（当時東京大学）がウニにおいて最初の試みを行ったのを端緒として，1976年には柳町隆造（ハワイ大学）らによってハムスターでICSIによる前核形成が報告された．そして1992年にはパレルモ（G. Palermo）らによりヒトで4例の妊娠成功が報告され，ICSIは不妊症治療の実用技術として用いられるようになった．わが国における平成10年（1998年）の調査によれば，3160人がICSIで出生しているから，わずか6年の間にほぼ完全に実用技術として確立されたことになる．

　そこで，マンモスの凍結死体から回収した精子の頭部を，たとえば，ゾウの卵細胞の中に顕微注入すれば，マンモスの復元が可能なのではないかという考えが，入谷 明や，後藤和文（当時鹿児島大学）らによって提唱され，実際に，わが国で研究プロジェクトが組まれた．適当なマンモスの凍結死体が見出されないことから，プロジェクトはあまり進展していないようだが，多くの人々に夢を抱か

せ続けている．

　実際，精子 DNA が通常の細胞核の DNA に比較して安定であることは，ハワイ大学で若山照彦と柳町が 1998 年に，凍結乾燥したマウス精子の頭部を卵細胞質内に顕微注入することで正常のマウスの子供が得られたことを示したことでも立証されている．したがって，保存状態のよいマンモスの凍結死体が発見されれば，夢が実現する可能性は，十分とは言えないまでも，かなりの確率であると考えられる．

　1991 年には，オーストリアの氷河から約 5300 年前のヒトの遺体が発見され，アイスマンと名づけられた．5300 年の間に，天候や気温の組合せで遺体が発見されるチャンスがあったのはわずか 6 日間であったと言われるほど，偶然に支配された発見であった．遺体の保存状況はきわめてよく，発見当初，10 年か 20 年前の事故によるものと考えられたほどであった．1994 年には，組織から回収された DNA の解析が行われ，その結果，アイスマンの子孫と思われる人々がイギリスに現存していることが確認されて話題を呼んだ．

　最近に絶滅した動物，たとえば日本のトキでは，将来復元が可能になることを想定した組織の保存が行われているということであるから，いずれ，保存標本からの復元が実現するだろう．しかし，たとえ復元されたとしても，野生のトキがもっていた遺伝的多様性を復活させることはできない．クローンとして復元されたトキは，人間の愚行と英知との複雑な象徴として，日本の自然の中で，その美しい羽を輝かせるに違いない．

## ● 2　環境ホルモン

　20 世紀の半ば過ぎまで，化学は文句なしに庶民の心強い味方であった．ポリスチレン，ポリ塩化ビニール，ポリウレタン，ポリエチレン，ナイロン，サラン，テフロン，ポリカーボネートなど，多数の合成高分子が，プラスチックや合成繊維，あるいは，合成ゴム

としてわれわれの日常生活を支えてくれている．上に挙げた合成高分子は，それぞれ，工業化されたおおよその年代順に並べたのだが，1930年代のポリスチレン生産にはじまり，1960年代までには，現在用いられている合成高分子の大部分が，世界の各国で工業化され，地球規模で人類の文明と文化の変革をもたらした．陸海軍の機密兵器はともかくとして，庶民に身近なプラスチックといえば，質の悪いベークライト（フェノール樹脂）と，半合成樹脂であるセルロイドくらいしかなかった戦中・戦後派の世代にとって，町にあふれた合成高分子製品は，戦後の新しい時代の輝ける象徴だったのである．

　一方，優れた合成洗剤は，家電製品の三種の神器と言われた電気洗濯機の普及とともに，家庭での洗濯法を変え，また，台所では食器洗いを根本から変えた．化学は家事革命によって，女性解放の陰の演出家であった．

　化学はまた，人類を多くの死の恐怖から解放し，飢えから救った．フレミング（A. Fleming）によって発見の端緒が開かれ，チェイン（E. B. Chain）とフロリー（H. W. Florey）によって化学構造の決定と工業化が行われたペニシリンに代表される抗生物質は，医学を根底から変えただけでなく，その研究の過程そのものが化学にも，また，薬学にも大きな影響をおよぼした．

　戦時中に，われわれを悩ませたノミ，シラミ，ダニ，カのたぐいや，農作物の害虫は，DDTや$\gamma$-BHC，あるいは，その後に導入された，パラチオン，TEPP，NAC，MTMCなどの名前とともに姿を消した．その結果，われわれにとっての環境問題は，虫がいすぎる問題から，消えすぎた問題へと180度変わったが，農業の生産性は飛躍的に高まった．

　現在の情報化時代も，半導体やその基板の素材の製造法，あるいは加工法に関する化学の進歩がなければ，到来しなかったはずである．環境問題の悪役としてなじみの深い化合物となったフロンやPCBは，かつて人々の眼に触れにくいところで産業を進歩させ，

日常生活の近代化をもたらした．

　こうした，われわれの身のまわりで眼に触れたり，工業を通じて間接的に恩恵を被ったりする化学の成果は，基礎科学としての化学本来の貢献のほんの一部にすぎない．たとえば，現代の生命科学の進歩の基礎は，化学の進歩によって築かれたものであるし，現在，未解決の生命科学の課題の多くが，化学の進歩なしには解決できない．化学は頼りになるアラジンの魔法のランプの精のように，われわれの願い事をかなえてくれた．そして，新しい世紀の人類の文明と文化の進歩に，化学はまだ無限の可能性を秘めている．白川英樹（筑波大学）のノーベル賞受賞は，21世紀の日本に明るい期待を抱かせる．

　しかし，化学の華麗な成果と栄光は，一方で，その裏に暗い陰影を秘めてもつ．

　生命科学や化学の研究室で，試薬や医薬品の性質を調べるのによく使われるメルク・インデックスと呼ばれる，2500ページ程の分厚い「辞書」がある．そこに収録されている1万種以上の化合物の多くの説明欄に，"Human Toxicity"，すなわち，人体に対する毒性の項目があり，急性や慢性の中毒症状や，致死量が記されている．これらのデータの多くは，おそらく，その化合物の合成にあたった化学者や工場の技術者が最初の犠牲者となったり，あるいは，工場での事故の結果として集められたものであろう．化学合成は，しばしば，人類を含む生物にとって未知の有害な物質との接触や，爆発の危険をともなう．犠牲となった人々は，人類の進歩のための戦いの最前線で倒れた勇敢な戦士たちなのである．

　工業製品として世界中で大量に合成され，市場に出された新しい化合物は，人類進歩の原動力となる一方で，それら化合物そのものだけでなく，生産の過程や廃棄物処理の過程で生ずる化学物質が，研究室や工場から出て，広く世界規模で環境にひろがり，人類を含む多くの生命の安全を脅かしはじめた．動物学者カーソン（R. Carson）が1962年に出版した『沈黙の春』は，DDTを中心にし

た殺虫剤や，工業製品として環境に大量に放出される化学物質の，生態系やわれわれの健康に対する危険を実証的に説いて，化学公害や自然保護に対する市民運動や行政の対応の原点となった．環境中に放出される農薬や工業製品からの化学物質が「環境ホルモン」として動物や人間の生殖能力に影響を与えることが世界規模で懸念されはじめ，わが国では井口泰泉（基礎生物学研究所）らが先駆的な研究を行った．

1950年代末から起こった，アメリカのニューヨーク州にある化学薬品メーカーが廃棄したダイオキシンによる広域汚染や，1960年代に米軍がベトナムで大量に散布した除草剤に混入していたダイオキシンによる人体への被害，また，1976年にイタリアのミラノ市郊外にあるセベソ（Seveso）町で起こった農薬工場の爆発事故の際に，大気中に大量に放出されたダイオキシンによって住民が被った被害は，ダイオキシンのもつ強い急性毒性や変異原性，また，ガン原性や催奇性について世界中の関心を集めた．特にダイオキシンについては，1977年にオランダのアムステルダム市のゴミ焼却場の灰や煙塵中に検出されて以来，各国で同様の事実が確認されて，重要な社会問題となっている．また，わが国では，化学工業会社の廃棄した水銀化合物が変化して生じた有機水銀による水俣病や，PCBが製造工程で食用油に混合して起こったカネミ油症事件が，化学物質による環境汚染に対する強い社会的関心を呼び起こすと同時に，科学のありようについても議論をまきおこした．

PCBは209種類の異性体をもつが，その中の一つであるコプラナーPCBは，WHOやわが国の規準でダイオキシン類の一つとして分類され，強い毒性をもつだけでなく，環境中の残留量が特に多いことが知られている．赤堀文昭，中明賢二を中心とする，麻布大学のハイテクリサーチセンターでは，コプラナーPCBの問題に学際的な観点から取り組み，興味深い成果が挙げられつつある．

こうした社会的状況のなかで，化学工業そのものも環境問題に注意を向けるようになり，そこでも化学はその力を発揮する．しか

し，化学にも限度がある．たとえば，すでに環境中に放出され，残留しているPCB類を化学的方法で取り除くのは，不可能だといわないまでも，膨大なコストのかかることが見込まれる．また，動物の体内に蓄積されたこれらの物質を除去するのも難しい．化学の成果と上手に共存するために，人類に残された手段は，もうないのだろうか．

　おそらく，生物の多様性が，これらの問題解決に，強力な手助けをしてくれるものと期待されている．たとえば，ダイオキシン類やPCB類を分解するバクテリアや菌類が相次いで見出されており，これらを使って，汚染された環境を修復しようという試みがある．さらに，バイオテクノロジーで，汚染物質の分解能を高めたり，バクテリアやプランクトン藻類に分解能をもたせたりして，修復の効率を上げることも可能であろう．生物を使って汚染された環境を修復する試みは，バイオレメディエーション (bioremediation) と呼ばれ，アメリカではすでに，学会やベンチャー企業もつくられている．今後も，このような試みはますます盛んになるだろう．

　これまで生物学は，化学の進歩の恩恵にあずかってきたが，今世紀は，生物学の進歩が化学を助ける世紀になるかもしれない．

　究極のバイオレメディエーションは，動物やヒトにダイオキシンやPCB類の分解や排泄の機能をもたせることだろう．一つの可能性は，プロバイオティクスの手法で，動物の腸内細菌に環境汚染物質の代謝・分解能を導入し，食物とともに消化管内に入ってきた有害物質を分解する方法である．これは，十分検討の余地がある．しかし，この方法では，すでに体内に入ってしまった汚染物質を除去することはできない．そこで，たとえば，からだから取り出したマクロファージやリンパ球に試験管内で遺伝子導入をして，汚染物質を分解する機能をもたせ，体内にもどす方法も考えられる．さらに，一歩進めれば，動物やヒトそのものに環境汚染物質を分解したり排出したりする機能をもたせることも，現在の発生工学技術を駆使すれば十分可能だろう．藤瀬 浩（麻布大学）のグループは，哺

乳類の培養細胞に，遺伝子操作によって多剤耐性を支配する遺伝子を導入し，環境汚染物質を排出することのできる細胞づくりの可能性に挑戦している．また，森田英利（麻布大学）らは乳酸菌にそのような機能をもたせようと試みている．

先に挙げたような，バクテリアや菌類のダイオキシン類の分解酵素類や排出ポンプ類を，たとえば，魚類に導入することができれば，食物連鎖でこれらの環境汚染物質が濃縮されるのを防ぐことができるはずである．もちろん，現在はまだ基礎研究のレベルであり，実用化は，たとえ可能になったとしてもずいぶん先のことだろう．しかし，究極の可能性に挑むのが科学の宿命であり，役割でもある．その過程で，たとえ目標が達成できなくても，多くの素晴らしい人類の知的財産が生まれることは，これまでの経験が証明している．

## 3　人口問題と文化

古い歴史のあるヨーロッパを旅行すると，美しく広がる田園風景や，童話の世界のような町並みに心を奪われる．それらの町は，しばしば人形の町のように静かで，ほとんど人を見かけないことも稀ではない．一方，アジア，たとえば中国や東南アジアの国々を旅行すると，どこでも人が群れていて，美しい景色もさることながら，裕福とは到底思えない家や町からあふれるようにして暮らしている人々の姿が印象的な記憶として残る．実際，アジアには，中国をはじめ，インド，インドネシア，パキスタン，日本など，人口大国が集中している．国連の 1998 年の統計では，人口 5000 万人以上の国が世界中に 23 か国あり，そのなかで 18 か国，すなわち 78.2% がアジアの国で，その人口の合計 30 億 5400 万人は，同年の世界人口 59 億 1000 万人の約 52% に当たる．ちなみに，1998 年現在で，世界最大の人口をもつ国は中国で，その 12 億の人口は，世界の人類の約 5 人に 1 人が中国人であることを意味している．

1999年10月12日には，アメリカの統計局の世界人口時計が60億人を記録した．この日1日に世界中で生まれた子供は37万人と推測され，その約50%はアジア人で，大部分の子供が，成長しても貧困に苦しむ運命にあると予測されている．さらに，国連の推計では，2050年には世界人口は90億人に達し，人口5000万人以上の国も37か国になる．その中でアジアの国は11か国で，比率は21.7%とかなり下がるが，それらの国の人口の合計，44億2900万人は全人口の49%に相当し，やはり半数近い人口がアジア人で占められる．国数にして，アジアの国の割合が下がったのは，主としてアフリカ諸国の台頭による．また14億7800万人の中国は，15億2800万人のインドに，世界最大の人口国の座を明け渡すと推計されている．両国の人口を合計すると30億人になり，全人類の1/3におよぶ．

　欧米諸国で，1998年に人口5000万人以上のリストに入っているのは，2億7400万人のアメリカを筆頭に，ドイツ（8200万人），フランス（5900万人），イギリス（5900万人），イタリア（5700万人）の5か国のみで，その人口の合計5億3100万人は世界人口の9.0%，すなわち，1割にも満たない．しかも，これらの国のなかで，2050年に1998年よりも人口の増加が予測されるのはアメリカとフランスだけで，他の国では減少する見通しである．一方，日本の2050年の推計人口は1億500万人で，1998年の1億2600万人から約2000万人減少することが見込まれている．アメリカでは，現在よりも1億人近い人口増が予想されるが，白人と有色人種の比率では，後者の増加率が高いことから，21世紀中に，アメリカの白人と有色人種の比率は逆転する．すでに，カリフォルニア州では逆転したと報道されている．

　人口が増え続ける日本以外のアジア諸国と，人口が減少するヨーロッパとの違いは，一体，何なのだろうか．確かに中国を中心とするアジアの歴史は古いが，中近東とそれに連なるヨーロッパの歴史もそれに劣らず古い．したがって歴史の古さだけでは，人口の違い

を説明できない．ましてや，ヨーロッパ人種とアジア人種の間で，生殖にかかわる生物学的な違いは見出されていないから，この違いは文化の違いによってもたらされたものだと考えるほかはない．もっとも，哺乳類のなかには，齧歯類のように多産で，過密な集団をつくりやすい種（r-戦略生物）と，大型の有蹄類や食肉類のように個体密度が低く，広いテリトリーを必要とする種（K-戦略生物）とがあるから，ヨーロッパ人種とアジア人種とは生態学的な要求が異なる点で，生物学的に異なるのだという見方もできるかもしれない．

地球の至適人口を予測することが難しいことは，プレリュードの章で述べた．地球に物理的な最大限の収容能力があることは明白だから，いずれにしても，人口が無制限に増加することはありえない．そこで，人類の未来として考えられる選択肢は三つに集約される．すなわち，1) 世界全体がアジア化して相対的な貧困のなかで安定するか，2) ヨーロッパ化して一定の生活レベルを維持しながら，安定ないしは減少に向かうか，あるいは，3) アジア型とヨーロッパ型の二つの文化圏が，対比をますます先鋭化させながら共存した定常状態に入るか，の三つである．遠い未来の予測は別として，比較的近い将来の状況は，3) であろう．

人類にとって，文化の違いはしばしば，生得的な生物学的相違と同じように強固で変えがたい．中近東やヨーロッパで宗教的な信条に根ざした紛争が絶えないのは，その証拠である．宗教のなかには，異教徒との結婚を厳しく制限しているものもあるから，いわば，文化的生殖隔離が成立しているとみなすことができる．宗教だけでなく社会的な身分や，地域によって互いの結婚を制限している場合もある．人類以外の動物であれば，同種であっても，生殖行動が異なって相互の交配が不可能な場合には，少なくとも亜種として区分する根拠になるだろう．何らかの好みや，主張・偏見によって交配を制限することで，いわば形質の「囲い込み」を行うことは，生物が進化の原動力として，内在的に備えている性質であると言う

ことができる．

「囲い込み」は，必然的に，他に対する「排除」を生む．西欧文化とアジア文化を大まかに比較してみると，前者の方が自文化の「囲い込み」と排他的な傾向が強い．西欧文化を大きく支配しているキリスト教は，ユダヤ教にその起源をもち，ユダヤ教の部族的，閉鎖的な特性の一部を一種の宗教改革によって解放し，教義を普遍化したが，異教徒はもとより，内部の他宗派に対する排他性を強く受け継いでいるように見える．

アジア諸国の文化を西欧のそれと比較すると，排他性よりも同化性が特徴として目につく．たとえば，仏教にそのような典型的な側面を見ることができる．一神教を主張し，異教徒との違いを強調するユダヤ教，キリスト教，イスラム教と，周辺の信仰を取り込みながら成長した仏教の違いであろう．わが国の神道も，八百万の神を尊び，同化的な要素が強い．両宗教のもつ同化性が，過去にさまざまな経緯があったとはいえ，わが国で神道と仏教の共存を可能にしていると言えるだろう．実際，ヨーロッパや中近東から見ると，結婚式は神道で葬式は仏教という，平均的な日本人のライフスタイルは想像を絶することなのである．

先にも述べたように，地球の人類生態系を最終的に支配する文化が，共存型を経た後，ヨーロッパ型になるのか，アジア型になるのか，それとも最後まで共存型であるのか，簡単に予測することはできないが，文化を変えることが容易でないことを考えると，共存型が少なくとも当分の間は続くだろう．特に，ヨーロッパの「囲い込み」型の文化では，異なる文化圏を互いに独立させる傾向が強い．ヨーロッパで多数の小国が，それぞれ独自の文化圏を形成して存続しているのは，こうした傾向のあらわれだといえよう．

欧米で出版される未来社会の展望には，人工的に社会の分化と階層化が強化される方向を示唆するものが多い．たとえば，第4章であげたハックスレーの『新しい世界』では，人間の生殖が管理され，エリートとなるアルファと下級労働者になるオメガは，すでに

発生段階で制御され，決められてしまう．また，ディクソンの『マン アフター マン』では，スーパーエリートは，宇宙に送られ，宇宙人類として変貌を遂げる一方，最も下層の人々はスラム化した都市で滅亡し，残った人々は，水中人間や森林生活者などへの種分化を遂げるのである．新しい種への分化は，同種内での形質の「囲い込み」による分化と階層化の最終的な段階として起こる．

はたして，世界の人類は，豊かで知的なヨーロッパ文化圏と，過密の人口を抱えて貧困にあえぎ低コストの肉体労働市場化したアジア・アフリカ文化圏と，両極化した階層的共存を固定化して，続けるのだろうか．

最近の世界人口の推移と，それに基づいて国連によって行われた今世紀中頃までの人口構造の推計を見ると，年齢層別の人口ピラミッドは，アジア・アフリカ諸国においても，裾広がり型から壺型ないしは鐘型へと推移して，人口増加が抑えられ，安定人口ないしは減少へと向かうことが予測されている．このことは，地球人口の将来像が，二極化を経た後，アジア型の同化的文化がその特徴を発揮して，次第にアジア・アフリカ文化圏のヨーロッパ型への遷移が進み，最終的に世界全体がヨーロッパ型で安定することを意味していると考えることができるように思える．それは，プレリュードの章で述べたように，人類進化の最前線をになってきた西欧文明に，アジアが吸収されながら追随する必然的な結果であるともいえる．

日本は，第2次世界大戦後に人口ピラミッドの形の急激な変化を遂げ，人口政策がきわめて顕著に成功した国として，世界的によく知られている（図6.2）．人口を単に人間の数の問題として扱うのは簡単だが，人口構成の変化は，決して数の変化だけにとどまらず，その根底でもっと根元的な文化の変化が起こっていることを意味している．たとえば，子供や家族，親族や地域社会についての考え方，あるいは，ライフスタイルや生活環境などについての考え方，さらには，そうした考え方を導く基本的な価値観，倫理観の変化を否応なくともなっている．したがって，過去に起こった日本の

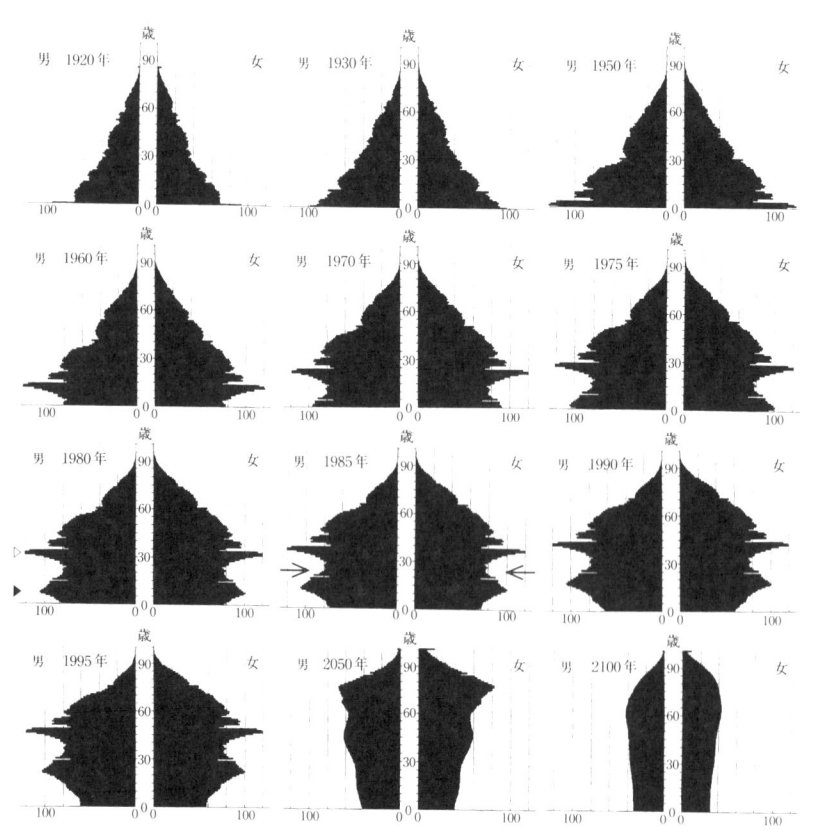

**図 6.2** 1920 年から 2100 年（予測）までの人口ピラミッド図
▷は第 1 次ベビーブーム，▶は第 2 次ベビーブームを示す．矢印は「新人類」と呼ばれた世代．（ピラミッド図は厚生労働省金子武治部長のご厚意による）

　　　人口構成の急激な変化は，日本の文化が，その根底において，アジア型の同化的文化から，ヨーロッパ型の囲い込み型文化へと変化したことを物語っていると見ることができるだろう．日本が経験した，いわゆるジェネレーションギャップには，おそらく，このような人口構造の変化にともなった文化の変化に由来する要素が少なからずあるものと思われる．若者に個人主義的傾向が強いといわれるが，個人主義は，究極の文化の囲い込みにほかならない．
　　　日本の国勢調査ごとの人口ピラミッドを比較してみると，長い間

続いた裾広がり型の文字どおりのピラミッド型が，第1次ベビーブームの後から，壺型に変化する様子が見てとれる（1950〜1960年）．第1次ベビーブームの時に生まれた人たちの子供による第2次ベビーブームの前後でやや増える傾向が出るが，大勢は変わらず，ついに尻すぼみ型のヨーロッパ型となり（1990〜1995年），すでにわが国では，将来人口が減少に向かうことが予測されている．

　1986年に，当時「朝日ジャーナル」編集長であった筑紫哲也が，その頃の若者を表現して，「新人類」という言葉をつくり，その年の流行語大賞で金賞を受賞した．これは，ちょうど，1960年代の中頃に生まれた子供が成年に達して，社会人になりはじめた頃である．1985年の人口ピラミッドを見ると，第1次ベビーブームの後，出生数が減少して，壺型への移行が完了した時期に生まれた子供が社会に参加する年齢に達し，「新人類」と呼ばれたことがわかる（図6.2）．その後，第1次ベビーブーマーたちの子供による第2次ベビーブームが起こるが，壺型から尻すぼみ型への移行の基本的な傾向は変わらない．

　出生パターンの変化が，アジア的同化型の価値観から，ヨーロッパ的囲い込み型の価値観への変化を意味しているとすれば，まさに，彼らは「新」日本人だったのであり，「新人類」であったのである．

　最近話題になる，学校や会社におけるいじめの問題も，若者の文化が排他的傾向を強めていることのあらわれであろう．同化型文化から，囲い込み型文化への変化が急速であったために，囲い込み型文化に必要な安全装置というべき倫理や，社会的な仕組みが十分に成熟していないのである．欧米では，長い間の囲い込み型文化の経験の中から，社会の少数者や弱者，異質の文化集団への配慮が，社会のシステムとしてつくりあげられ，安全装置として機能しているが，わが国では，そうした仕組みをこれから模索していかなければならない．

　会社のリストラも，安全装置が欠如したまま，西欧型の雇用関係

を導入することで，必要以上の悲劇を生むことになる．大学では，教員の任期制が導入されはじめているが，わが国の高等教育・研究機関の人事の流動性や適正な能力の評価システム，欧米のグラントに相当する大型研究費，社会保障体制，ベンチャー企業の支援体制など，受け皿となる仕組みの充実がないまま任期制を導入しても，実効はなかなかあがらず，犠牲者も出ることになるだろう．囲い込み型社会構造を支えるインフラの整備が急務である．

　今後，アジア・アフリカ文化圏で人口構造の変化が進むにつれて，日本が経験したような，文化の遷移が起こるか，あるいは，すでに起こっているはずである．むしろ，文化が変わらなければ，人口構造の変化は起こらないというのがより正確な表現であるかもしれない．アジア・アフリカの多くの国は，陸続きの国境で複数の国と接していたり，国内に多数の異文化地域を抱えていたり，わが国よりも問題が複雑で，人口構造の変化にともなう紛争や，社会的変動の起こることも避けがたいように見える．アメリカの白色人種と有色人種の比率の逆転が，アメリカの文化にどのような変化をもたらすのか，注目に値しよう．

　ところで，応用動物科学は，地球の人口問題の解決にどのような役割を果たせるのだろうか．ディクソンが大胆に予見したように，発生工学や遺伝子工学が人類の亜種化，さらには，新種，新属への分化を促進することは，1000年後，1万年後はさておき，次の100年程度では，まず，起こることはないだろう．しかし，人類の遺伝子プールに否応なく蓄積していく突然変異の中で，人体に障害を引き起こすものを修正することに発生工学や遺伝子工学を役立てることは，すでに，現実のものとなりはじめている．まだ，ヒトの生殖細胞系列を対象とした遺伝子治療は認められていないが，それほど遠くない将来に，生殖細胞系列の遺伝子操作が，現在の体外受精程度に普及する可能性もあるだろう．

　もう少し現実的な課題として，生命科学は，いわゆるピルに象徴される避妊剤や多くの新しい避妊法の開発に取り組み，すでに世界

の人口調節に大きく貢献し，フェミニズムの浸透に寄与して，文化を変えてきた．今後，世界人口を安定した状態で保つためには，人類の生殖を合理的に制御することが，ますます必要になるだろう．

かつて，イギリスの生殖生物学者ショート（R. V. Short；現在はオーストラリアに在住）は，1973年にブラジルのバヒア市（Bahia）で開催された生殖生物学のシンポジウムで，女性の排卵・月経周期をホルモンで制御して，妊娠の必要があるときだけ，排卵するようにする可能性を提唱した．彼によれば，排卵・月経周期があることで女性が社会的に利益を享受することを示すデータは何もないという．何もメリットがないならば，やめて，新たな人類文化をつくろうではないかというのがショートの主張であった．シンポジウムには，多数の女性研究者も出席していたが，特に強い反論も出なかったのは，皆生殖生物学者だったからかもしれない．

人口問題はただ人間の数だけの問題ではない．それは，人類文化の根本にかかわる問題なのである．

# 7

# ポストリュード

　西暦2001年，21世紀の区切りはキリスト教文化圏のことであり，物理的な時間の単位として何の意味ももたないことはもちろん，われわれ日本人を含む世界中の多くの人々にとって，直接のかかわりはないはずのことである．しかし，現在，西暦は人類の共通暦として使われており，代わりに使えそうなコスモポリタンな暦も見あたらないから，人類にとって，また，人類に代表される地球上のすべての生命にとって，一つの節目として，過去を振り返り，未来に想いを馳せるのも意味のあることだろう．

　紀元前4世紀に，アリストテレス（Aristoteles；384-322 B.C.）が，現在の生物学に連なる視点で生物を記載し，生命現象を科学的，哲学的に理解することを試みて，現代生物学の基礎を築いてから2000年以上が経過した．アリストテレス以後17世紀まで，ほぼ2000年にわたる長い間，生命科学に基本的な進歩がなかったのは，むしろ驚くべきことであるが，これは，生命科学の分野だけでなく，物質科学の分野でもそうであった．いわば「幸福な無知」が決定的な変革を遂げたのは，16世紀にコペルニクス（N. Copernicus）によって地動説が提唱されてからであり，文字どおり，すべての科学に，カント（I. Kant；1724-1804）の表現を借りれば，コペルニクス的転回をもたらした．

　こうして世界を，宇宙にただよう地球の表面におけるできごとと

して客観的に見ることができるようになった人類は，自分自身を含む生命現象をも客観的に見はじめた．17世紀に，生命科学上の重要な発見が相次いで行われたのも決して偶然ではないだろう．なかでもオランダのライデンの医学生であったハム（J. Ham）とレーウェンフック（A. van Leeuwennhoek；1632-1723）による精子の発見（1677，1678，1679），およびその意味についての推論の開始は，近・現代の生命科学に連なる重要な仕事であったが，同時代の，ハーベー（W. Harvey；1578-1657），フック（R. Hook；1635-1703），マルピーギ（M. Malpighi；1628-1694）などの名の陰で，一般の生物学史の中におけるレーウェンフックの位置づけは，必ずしも十分ではないように見うけられる．ハーベー（オックスフォード大学マートンカレッジ学長）も，フック（オックスフォード大学幾何学教授）も，また，マルピーギ（ボローニア大学教授）もいわゆる名門大学のアカデミシャンであるのに対して，織物商で後に市の下級官吏となったレーウェンフックは，所詮，分が悪い．ましてやハムは，当時，医学生であり，自ら論文を書いたわけではない．レーウェンフックを介して今日に名前が残っているのみである．しかし，発生学や生殖生物学が，分子生物学の基盤として，現代生命科学の潮流の源流であることが明確になっている現在，共同発見者であったハムの名とともに，レーウェンフックの発見はもっと評価される価値があるのではないかと思われる．

　ダーウィンやワイスマン，そしてメンデルに代表される19世紀の生物学は，20世紀への確かな足がかりをつくった（図7.1）．そして，アリストテレスにはじまり，西暦2000年に至る生命科学の歴史は，基礎生物学の進歩で特徴づけられる歴史でもあった．

　20世紀は基礎生物学のエポックであったといってもよいだろう．基礎生物学の知識の蓄積は，応用生命科学を通じて，人類をはじめ地球上のすべての生命が抱える多くの問題を解決することを可能にした．さらに，応用生命科学は，その実際的な問題解決の中から，基礎生物学に新たな本質的な貢献をし，真理の探究そのものに価値

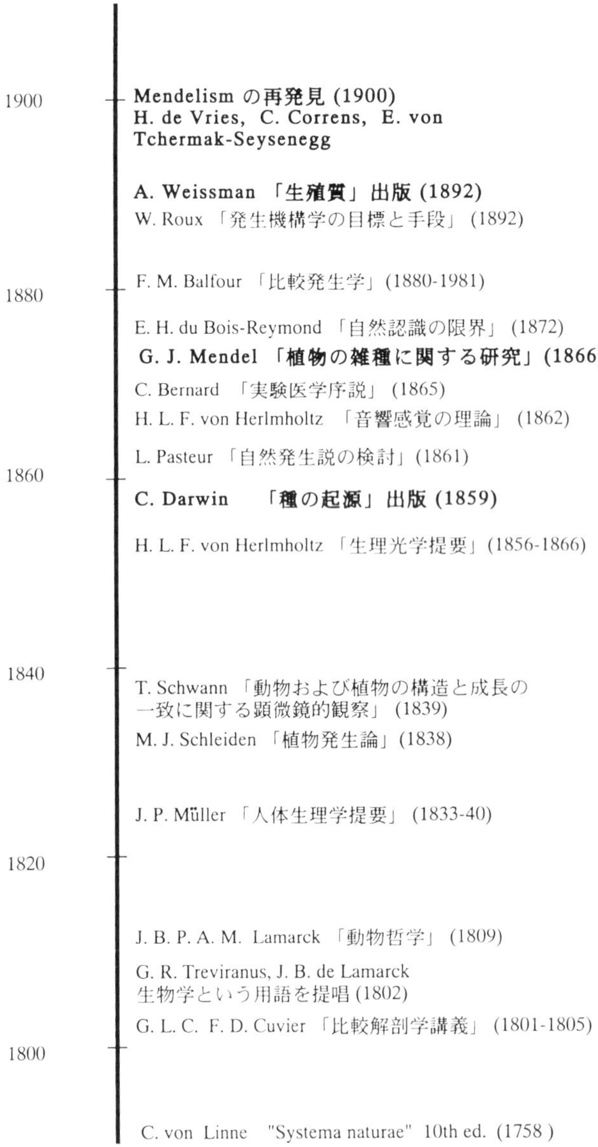

1900 — **Mendelism の再発見 (1900)**
H. de Vries, C. Correns, E. von Tchermak-Seysenegg

**A. Weissman 「生殖質」出版 (1892)**
W. Roux 「発生機構学の目標と手段」(1892)

1880 — F. M. Balfour 「比較発生学」(1880-1981)

E. H. du Bois-Reymond 「自然認識の限界」(1872)
**G. J. Mendel 「植物の雑種に関する研究」(1866)**
C. Bernard 「実験医学序説」(1865)
H. L. F. von Herlmholtz 「音響感覚の理論」(1862)
L. Pasteur 「自然発生説の検討」(1861)

1860 — **C. Darwin 「種の起源」出版 (1859)**

H. L. F. von Herlmholtz 「生理光学提要」(1856-1866)

1840 — T. Schwann 「動物および植物の構造と成長の一致に関する顕微鏡的観察」(1839)
M. J. Schleiden 「植物発生論」(1838)

J. P. Müller 「人体生理学提要」(1833-40)

1820 —

J. B. P. A. M. Lamarck 「動物哲学」(1809)

G. R. Treviranus, J. B. de Lamarck
生物学という用語を提唱 (1802)
G. L. C. F. D. Cuvier 「比較解剖学講義」(1801-1805)

1800 —

C. von Linne "Systema naturae" 10th ed. (1758)

図 7.1  19 世紀に出版された生物学上主要な著作や論文
20 世紀における基礎生物学の発展の基盤となった.

を見出す基礎生命科学の本来の進歩と手をたずさえて，生命科学が地球生態系，さらには宇宙生態系の福利のために成しうる可能性を急速に拡大しつつある．

　哺乳類において，体細胞クローニング個体が誕生したことは，社会現象として多くの話題とインパクトを与えた．その真の生物学的意味については，今後の科学史家の評価を待たねばならないが，20世紀を締めくくる，生物学上の画期的な研究成果の一つであることには間違いないだろう．そして，一連の研究の端緒となったのが，ヒツジを用いた農学分野での研究成果であったことは，応用生命科学の時代の幕開けを告げることとして，象徴的な意味をもつと私には感じられる．21世紀は応用生命科学のエポックになるだろう．そして応用生命科学は人類が直面する多くの難題を解決する鍵になるに違いない．

　生命は基本的に楽観主義者である．それが40億年にわたって，生命の存続と進化を可能にしてきた．太陽系の将来に予想される物理的な破局も，生命はきっと解決するだろう．

　応用動物科学の新たな世紀が，そして新たなミレニアムがはじまろうとしている．人類と，地球動物家族のすべてにとってのハッピーミレニアムに向けて．

# 参 考 文 献
(文献は代表的なもののみを挙げた)

## 第1章 プレリュード
### 1.1
1) Dixon, D. (1990) An Anthropology of the Future: Man after Man. Blandford, London. (城田安幸訳 (1993) マン アフター マン, 太田出版, 東京.)
2) NHK「宇宙」プロジェクト編 (2001) 宇宙―未知への大紀行1・2, 日本放送出版協会, 東京.
3) Sagan, C. (1980) Cosmos. Random House, New York. (木村 繁訳 (1980) コスモス上・下, 朝日新聞社, 東京.)

### 1.2
4) Dawkins, R. (1976) The Selfish Gene. Oxford University Press, Oxford. (日高敏隆・岸 由二・羽田節子・垂水雄二訳 (1991) 利己的な遺伝子, 紀伊國屋書店, 東京.)
5) 日高敏隆 (1989) 利己としての死, 弘文堂, 東京.
6) NHK取材班 (1994-95) 生命―40億年はるかな旅, NHKサイエンススペシャル1-5, 日本放送出版協会, 東京.
7) Odum, E. P. (1983) Basic Ecology. CBS College Publishing, Saunders College Publishing, Philadelphia. (三島次郎訳 (1991) 基礎生態学, 培風館, 東京.)
8) Spiegelman, S. (1971) An approach to the experimental analysis of pre-cellular evolution. *Quart. Rev. Biophys.*, **4**: 213-253.
9) 柳川弘志・古田弘幸 (1988) RNAワールド, 海鳴社, 東京.
10) 柳沢桂子 (1997) われわれはなぜ死ぬのか―死の生命科学, 草思社, 東京.
11) 柳沢桂子 (1998) 生と死が創るもの, 草思社, 東京.

### 1.3
12) 阿藤 誠編 (1996) 先進諸国の人口問題, 東京大学出版会, 東京.
13) Ehrlich, P. R., Ehrlich, A. H. (1990) The Population Explosion. Simon & Schuster, New York. (水谷美穂訳 (1994) 人口が爆発する, 新曜社, 東京.)
14) 佐藤磐根編著 (1968) 生命の歴史, 日本放送出版協会, 東京.
15) 東京大学農学部編 (1998) 人口と食糧 (農学教養ライブラリー4), 朝倉書店, 東京.
16) 養老孟司 (1989) 唯脳論, 青土社, 東京.

## 第2章 動物のグリーン革命

**2.1**

1) 北村　博・森田茂廣・山下仁平編（1984）光合成細菌，学会出版センター，東京．
2) Takeuchi, H. (1996) Species specificity of Chlorella for establishment of symbiotic association with Paramecium bursaria : Does infectivity depend upon sugar component of the cell wall. *Eur. J. Protistol*., **32** : 133-137.
3) Willows, R. D., Beale, S. I. (1998) Heterologous expression of the Rhodobacter capsulatus BchI, -D, and -H genes that encode magnesium chelatase subunits and characterization of the reconstituted enzyme. *J. Biol. Chem*., **273** : 34206-34213.

**2.2**

4) Tokuda, G., Watanabe, H., Matsumoto, T. and Noda, H. (1997) Cellulose digestion in the wood-eating higher termite, *Nasutitermes takasagoensis* (Shiraki) : distribution of cellulases and properties of endo-beta-1,4-glucanase. *Zool. Sci*., **14** : 83-93.
5) Watanabe, H., Nakamura, M., Tokuda, G., Yamaoka, I., Scrivener, A. M. and Noda, H. (1997) Site of secretion and properties of endogenous endo-beta-1,4-glucanase components from *Reticulitermes speratus* (Kolbe), a Japanese subterranean termite. *J. Insect Biochem. Mol. Biol*., **27** : 305-313.
6) Watanabe, H., Noda, H., Tokuda, G. and Lo, N. (1998) A cellulase gene of termite origin [letter]. *Nature*, **394** : 330-331.
7) Yokoe, Y. (1964) Cellulase activity in the termite, Leucotermus speratus, with new evidence in support of a cellulase produced by the tremite itself. *Sci. Papers Coll. Gen. Educ*., Univ. Tokyo, **14** : 115-120.

**2.3**

8) Drummond, R. O., George, J. E. and Kunz, S. E. (1988) Control of Arthopod Pests of Livestock: A Review of Technology. CRC Press, Boca Raton, FL.
9) 板垣　博，大石　勇（1984）新版家畜寄生虫病学，朝倉書店，東京．
10) Owen, D. G. (1982) Animal Models in Parasitology. MacMillan, London.
11) 岡田吉美（1997）DNA農業，共立出版，東京．
12) Rothschild, M., Ford, B. and Hugh, M. (1970) Maturation of the male rabbit flea (*Spilopsyllus cuniculi*) and the oriental rat flea (*Xenopsylla chenopis*) : some effects of mammalian hormones on development and impregnation. *Zool. Soc. London Trans*., **32** : 187.
13) Rothschild, M. and Ford, B. (1972) Breeding cycle of the flea *Cediopsylla simplex* is controlled by breeding cycle of host. *Science*, **178** : 625-626.
14) 山田康之・佐野　浩（1999）遺伝子組換え植物の光と影，学会出版センター，東京．

2.4

15) 藤田紘一郎（2000）日本人の清潔がアブナイ!，小学館，東京．
16) 板垣　博，大石　勇（1984）新版家畜寄生虫病学，朝倉書店，東京．
17) 光岡知足編（1990）腸内細菌学，朝倉書店，東京．
18) 光岡知足編（1998）腸内フローラとプロバイオティクス，学会出版センター，東京．

## 第3章　ボディー革命
3.1

1) Cheverud, J. M., Routman, E. J., Duarte, F. A. M., Swinderen, B. van, Cothran, K. and Perel, C. (1996) Quantitative loci for murine growth. *Genetics*, **142**: 1305-1319.
2) Conlon, I. and Raff, M. (1999) Size control in animal development. *Cell*, **96**: 235-44.
3) DeSalle, R., Gatesy, J., Wheeler, W. and Grimaldi, D. (1992) DNA sequences from a fossil termite in oligo-miocene amber and their phylogenetic implications. *Science*, **257**: 1933-1936.
4) Matsumoto, K., Kakidani, H., Takahashi, A., Nakagata, N., Anzai, M., Matsuzaki, Y., Takahashi, Y., Miyata, K., Utsumi, K., Iritani, A. (1993) Growth retardation in rats whose growth hormone gene expression was suppressed by antisense RNA transgene. *Mol. Reprod. Dev.*, **36**: 53-58.
5) Palmiter, R. D., Brinster, R. L., Hammer, R. E., Trumbauer, M. E., Rosenfeld, M. G., Birnberg, N. C., Evans, R. M. (1982) Dramatic growth of mice that develop from eggs microinjected with metallothionein-growth hormone fusion genes. *Nature*, Lond., **300**: 611-615.
6) Rexroad, C. E., Jr., Hammer, R. E., Behringer, R. R., Palmiter, R. D., Brinster, R. L. (1990) Insertion, expression and physiology of growth-regulating genes in ruminants. *J. Reprod. Fertil. Suppl.*, **41**: 119-124.
7) Roberts, R. C., Falconer, D. S., Bowman, P., Gauld, I. K. (1976) Growth regulation in chimeras between large and small mice. *Nature*, **260**: 244-245.
8) Tachi, S., Tachi, C. (1980) Electron microscopic studies of chimeric blastocysts experimentally produced by aggregating blastomeres of rat and mouse embryos. *Develop. Biol.*, **80**: 18-27.
9) Zhou, X., Benson, K. F., Przybysz, K., Liu, J., Hou, Y., Cherath, L. and Chada, K. (1996) Genomic structure and expression of the murine *Hmgi-c* gene. *Nucleic. Acid. Res.*, **24**: 4071-4077.

3.2

10) Inoue, K., Tanaka, S., Kashiwazaki, N., Nakao, H., Nakatsuji, N., Sasaki, N., Tojo, H., Tachi, C. (1997) Quantitative analysis of striped coat-color patterns in

Large-White → Duroc chimeric pigs with special reference to the genetic control mechanisms of the dominant black-eyed white phenotype. *Pigment Cell Res.*, **9**: 289-297.

11) Marklund, S., Kijas, J., Rodriguez-Martinez, H., Ronnstrand, L., Funa, K., Moller, M., Lange, D., Edfors-Lilja, I., Andersson, L. (1998) Molecular basis for the dominant white phenotype in the domestic pig. *Genome Res.*, **8**: 826-833.

12) Murray, J. D. (1988) How the leopard gets its spots. *Sci. Amer.*, March, 62-69.

13) 平田盛三（1975）キリンのまだら，中央公論社，東京．

14) Searl, A. G. (1968) Comparative Genetics of Coat Color in Mammals. Logos Press, London.

15) Silvers, W. K. (1979) The Coat Colors of Mice. Springer-Verlag, New York.

16) Tanaka, S., Tojo, H., Kasai, K., Sawasaki, T., Tachi, C. (1994) Melanocytes fail to survive in hair bulbs of the Shiba goat (*Capra hircus*) with the dominant black-eyed white phenotype. *Pigment Cell Res.*, **7**: 152-157.

17) Tanaka, S., Yamamoto, H., Takeuchi, S. and Takeuchi, T. (1990) Melanization in albino mice transformed by introducing cloned mouse tyrosinase gene. *Development*, **108**: 223-227.

18) 特集「*c-kit* とそのリガンド」，実験医学，11巻13号，羊土社，東京．

19) Yanaisawa, N., Tanaka, S., Tojo, H., Tachi, C. (1997) Stem cell factor cDNA, compl. cds. *DDBJ*, accession no. AB 002152.

## 3.3

20) Harford, J. B., Morris, D. R. (1997) mRNA Metabolism & Post-Translational Gene Regulation. Wiley-Liss, New York.

21) Hochi, S., Ninomiya, T., Waga-Homma, M., Sagara, J., Yuki, A. (1992) Secretion of bovine alpha-lactalbumin into the milk of transgenic rats. *Mol. Reprod. Dev.*, **33**: 160-164.

22) Inuzuka, H., Yamanouchi, K., Tachi, C., and Tojo, H., (1999) Expression of milk protein genes is induced directly by exogenous *STAT 5* without prolactin-mediated signal transduction in transgenic mice. *Mol. Reprod. Dev.*, **54**: 121-125.

23) Tojo, H., Tanaka, S., Matsuzawa, A., Takahashi, M., Tachi, C. (1993) Production and characterization of transgenic mice expressing a hGH fusion gene driven by the promotor of mouse whey acidic protein (mWAP) putatively specific to mammary gland. *J. Reprod. Dev.*, **39**: 145-155.

24) 東條英昭（1996）動物をつくる遺伝子工学，講談社，東京．

25) Wakao, H., Gouilleux, F. and Groner, B. (1994) Mammary gland factor (MGF) is a novel member of the cytokine regulated transcription factor gene family and confers the prolactin response. *EMBO J.*, **13**: 2182-2191.

3.4

26) Carlson, C. J., Booth, F. W. and Gordon, S. E. (1999) Skeletal muscle myostatin mRNA expression is fiber-type specific and increases during hindlimb unloading. *Am. J. Physiol.*, **277** : R 601-6.
27) Colliander, E. B., Tesch, P. A. (1990) A comparison of concentric and eccentric muscle actions in resistance training. *Acta. Physiol. Scand.*, **140** : 31-39.
28) Hosoyama, T., Yamanouchi, K., Tojo, H. and Tachi, C. (1999) *Equus caballus* MSTN mRNA for myostatin, compl. cds. *DDBJ*, accession no. AB 033541.
29) 石井直方 (1993) レジスタンス・トレーニングにおける伸張性動作の生理学的意義, トレーニング科学, **5** : 7-10.
30) Kano, K., Tojo, H., Yamanouchi, K., Soeta, C., Tanaka, S., Ishii, S., Tachi, C. (1998) Skeletal muscles of transgenic mice expressing human *snoN*, a homolog of *c-ski*. *J. Reprod. Dev.*, **44** : 253-260.
31) McPherron, A. C., Lawler, A. M. and Lee, S. J. (1997) Regulation of skeletal muscle mass in mice by a new TGF-beta superfamily member. *Nature*, **387** : 83-90.
32) McPherron, A. C. and Lee, S. J. (1997) Double muscling in cattle due to mutations in the myostatin gene. *Proc. Natl Acad. Sci. USA*, **94** : 12457-61.
33) Nomura, N., Sasamoto, S., Ishii, S., Date, T., Matsui, M., Ishizaki, R. (1989) Isolation of human cDNA clones of *ski* and the *ski*-related gene, *sno*. *Nucleic Acids Res.*, **17** : 5489-500.
34) Sutrave, P., Kelly, A. M. and Hughs, S. H. (1990) *Ski* can cause selective grwoth of skeletal muscle in transgenic mice. *Genes Dev.*, **4** : 1462-1472.

## 第4章 生殖革命
4.1

1) Bull, J. J. (1983) Evolution of Sex Determining Mechanisms. The Benjamin/Cummings Publishing, London.
2) Gubbay, J., Collignon, J., Koopman, P., Capel, B., Economou, A., Munsterberg, A., Vivian, N., Goodfellow, P., Lovell-Badge, R. (1990) A gene mapping to the sex-determining region of the mouse Y chromosome is a member of a novel family of embryonically expressed genes. *Nature*, **346** :245-50.
3) Hirota, O., Nishino, K., Toyooka, Y., Kodama, T., Tanaka, S., Yamanouchi, K., Tojo, H., Tachi, C. (1997) Effects of transfected human and mouse *SRY/Sry* genes upon the expression of hypothetical *sry*-cascade genes in cultured mouse sertoli cell line, TM-4. *J. Reprod. Dev.*, **42** : 255-263.
4) Koopman, P., Gubbay, J., Vivian, N., Goodfellow, P., Lovll-Badge, R. (1991) Male development of chromosomally female mice transgenic for *Sry*. *Nature*,

**351** : 117-121.

5) Mitchell, G. (1983) Human Sex Differences. Van Nostrand Reinhold, New York.（鎮目恭夫訳（1983）男と女の性差，紀伊國屋書店，東京．）
6) Muraoka, H., Kodama, T., Nakahori, Y., Nakagome, Y., Tanaka, S., Tojo, H., Tachi, C. (1996) Shiba goat *SRY* gene for sex determining region. *DDBJ*, accession no. D 82963.
7) 特集「生物の性と進化」(1986)，数理科学，10巻．
8) Toyooka, Y., Tanaka, S. S., Hirota, O., Tanaka, S., Takagi, N., Yamanouchi, K., Tojo, H., Tachi, C. (1998) Wilm's tumor suppressor gene (*WT-1*) as a target gene of *SRY* function in a mouse ES cell line trandfected with *SRY*. *Int. J. Dev. Biol.*, **42** : 1143-1151.
9) 竹内久美子（1994）男と女の進化論，新潮社，東京．
10) 舘 鄰（1990）生殖生物学入門，東京大学出版会，東京．
11) 長谷川真理子（1993）オスとメス ―性の不思議，講談社，東京．

4.2

12) Briggs, R. W. and King, T. J. (1952) Transplantation of living nuclei from blastula cells into enucleated frog's egg. *Proc. Natl. Acad. Sci. USA*, **38** : 455-463.
13) Cole, C. J., Townsend, C. R. (1990) Parthenogenetic lizards as vertebrate systems. *J. Exp. Zool., Suppl.*, **4** : 174-176.
14) DiBerardino, M. A., King, T. J. (1967) Development and cellular differentiation of neural nuclear transplants of known karyotype. *Dev. Biol.*, **15** : 102-128.
15) Gurdon, J. B. (1968) Transplanted nuclei and cell differentiation. *Sci. Am.*, **219** : 24-35.
16) Kato, Y., Tani, T., Sotomaru, Y., Kurokawa, K., Kato, J., Doguchi, H., Yasue, H., Tsunoda, Y. (1998) Eight calves cloned from somatic cells of a single adult. *Science*, **282** : 2095-2098.
17) McGrath, J., Solter, D. (1983) Nuclear transplantation in mouse embryos. *J. Exp. Zool.*, **228** : 355-362.
18) 野口基子（1987）マウステラトーマの生物学．マウスのテラトーマ，野口武彦，村松 喬編，理工社，東京，pp. 3-1-3-40.
19) Wakayama, T., Perry, A. C., Zuccotti, M., Johnson, K. R., Yanagimachi, R. (1998) Full-term development of mice from enucleated oocytes injected with cumulus cell nuclei. *Nature*, **394** : 369-374.
20) Wilmut, I., Schnieke, A. E., McWhir, J., Kind, A. J. and Campbell, K. H. (1997) Viable offspring derived from fetal and adult mammalian cells. *Nature*, **385** : 810-813.
21) 今井 裕（1997）クローン動物はいかに創られるのか，岩波書店，東京．

**4.3**

22) Austin, C. R., ed. (1973) The Mammalian Fetus *in vitro*. Chapman and Hall, London.
23) Eto, K., Figueroa, A., Tamura, G., Pratt, R. M. (1981) Induction of cleft lip in cultured rat embryos by localized administration of tunicamycin. *J. Embryol. Exp. Morphol.*, **64** : 1-9.
24) Hsu, Y-. C. (1978) *In vitro* development of whole mouse embryos beyond the implantation stage. In : "Methods in Mammalian Reproduction", J. C. Daniel, Jr., ed., Academic Press, New York, pp. 229-257.
25) Kanai-Azuma, M., Kanai, Y., Matsuda, H., Kurohmaru, M., Tachi, C., Yazaki, K., Hayashi, Y. (1997) Nerve growth factor promotes giant-cell transformation of mouse trophoblast cells *in vitro*. *Biochem. Biophys. Res. Commun.*, **231** : 309-315.
26) Kanai-Azuma, M., Kanai, Y., Kurohmaru, M., Sakai, S., Hayashi, Y. (1993) Insulin-like growth factor (IGF) -I stimulates proliferation and migration of mouse ectoplacental cone cells, while IGF-II transforms them into trophoblastic giant cells *in vitro*. *Biol. Reprod.*, **48** : 252-261.
27) Koi, H., Tachi, C., Tojo, H., Kubota, T., Aso, T. (1995) Effects of matrix proteins and heparin-binding components in fetal bovine serum upon the proliferation of ectoplacental cone cells in mouse blastocysts cultured *in vitro*. *Biol. Reprod.*, **52** : 759-770.
28) Murasawa, H., Takashima, R., Yamanouchi, K., Tojo, H., Tachi, C. (2000) Comparative analysis of *HOXC-9* gene expression in murine hemochorial and caprine synepitheliochorial placentae by in situ hybridization. *Anat. Rec.*, **259** : 383-394.
29) New, D. A. (1967) Development of explanted rat embryos in circulating medium. *J. Embryol. Exp. Morphol.*, **17** : 513-25.
30) Suenaga, A., Tachi, C., Tojo, H., Tanaka, S., Tsutsumi, O., Taketani, Y. (1996) Quantitative analysis of the spreading of the mouse trophoblast *in vitro* : a model for early invasion. *Placenta*, **17** : 583-590.
31) 舘 鄰 (1986) 着床. 生体の科学, **37** : 589-596.
32) 舘 鄰 (1990) 生殖生物学入門, 東京大学出版会, 東京.
33) 舘 鄰 (1997) 胚から見た着床. 臨床婦人科産科, **51** : 18-21.
34) 舘 澄江 (2001) 着床と脱落膜. 妊娠の生物学, 中山徹也, 牧野恒久, 高橋迪雄監修, 塩田邦郎, 松林秀彦編, 永井書店, 大阪.
35) Takashima, R., Murasawa, H., Yamanouchi, K., Tojo, H., Tachi, C. (1999) Survey of Homeobox Genes Expressed in Hemochorial Placentae of Mice (*Mus musculus*) and in Epithliochorial / Syndesmochorial Placentae of Shiba Goats

(*Capra hircus* var. Shiba). *J. Reprod. Dev.*, **45** : 363–374.
36) Tanaka, S., Kunath, T., Hadjantonakis, A. K., Nagy, A., Rossant, J. (1998) Promotion of trophoblast stem cell proliferation by FGF 4. *Science*, **282** : 2072–2075.
37) 吉田幸洋ら (2001) ヤギ胎仔を用いた子宮外保育実験. 妊娠の生物学, 中山徹也, 牧野恒久, 高橋迪雄監修, 塩田邦郎, 松林秀彦編, 永井書店, 大阪, 323–328.
38) Tanaka, S. S., Toyooka, Y., Sato, H., Seiki, M., Tojo, H., Tachi, C. (1998) Expression and localization of membrane type matrix metalloproteinase-1 (MT 1-MMP) in trophoblast cells of cultured mouse blastocysts and ectoplacental cones. *Placenta*, **19** : 41–48.

# 第5章　発生革命
## 5.1
1) 阿部訓也 (1998) マウス始原生殖細胞における遺伝子発現. 生殖細胞の発生と性分化, 岡田益吉, 長濱嘉孝, 中辻憲夫編, 蛋白質・核酸・酵素, **43** 巻 (増刊号), 共立出版, 東京, pp 412–419.
2) 今西錦司 (1994) 生物社会の論理, 平凡社, 東京.
3) 木村資生 (1986) 分子進化中立説, 岩波書店, 東京.
4) 小林 悟 (1998) ショウジョウバエ生殖細胞の形成と分化機構. 生殖細胞の発生と性分化, 岡田益吉ら編. 蛋白質・核酸・酵素, **43** 巻 (増刊号), 共立出版, 東京, pp. 356–363.
5) 松居靖久 (1996) 生殖幹細胞. 生殖細胞, 岡田益吉, 長濱嘉孝編著, 共立出版, 東京, pp. 45–59.
6) Saburi, S. (1999) Studies on the mechanisms underlying the determination of germ and somatic cell lineages during embryogenesis in the mouse. Doctoral Dissertation, The University of Tokyo, Tokyo, Japan.
7) 舘 鄰 (1990) 生殖生物学入門, 東京大学出版会, 東京.

## 5.2
8) Abe, S. (1987) Differentiation of spermatogenic cells from vertebrates *in vitro*. *Int. Rev. Cytol.*, **109** : 159–209.
9) Chuma, S., Nakatsuji, N. (2001) Autonomous transition into meiosis of mouse fetal germ cells *in vitro* and its inhibition by gp 130-mediated signaling. *Dev. Biol.*, **229** : 468–479.
10) Eppig, J. J., O'Brien, M. and Wigglesworth, K. (1996) Mammalian oocyte growth and development *in vitro*. *Mol. Reprod. Dev.*, **44** : 260–73.
11) Hirao, Y., Nagai, T., Kubo, M., Miyano, T., Miyake, M., Kato, S. (1994) *In vitro* growth and maturation of pig oocytes. *J. Reprod. Fertil.*, **100** : 333–339.
12) Miura, T., Yamauchi, K., Takahashi, H., Nagahama, Y. (1991) Hormonal induc-

tion of all stages of spermatogenesis *in vitro* in the male Japanese eel (*Anguilla japonica*). *Proc. Natl. Acad. Sci. U.S.A.*, **88** : 5774-5778.

13) Nakagawa, S-I., Saburi, S., Yamanouchi, K., Tojo, H., Tachi, C. (2000) *In vitro* studies on PGC or PGC-like cells in cultured yolks accells and embryonic stem cells of the mouse. *Arch. Histol. Cytol.*, **63** : 229-241.

14) 内藤邦彦 (2001) 卵の構造と成熟制御機構．妊娠の生物学，中山徹也，牧野恒久，高橋迪雄監修，塩田邦郎，松林秀彦編，永井書店，大阪，pp. 76-85.

15) 野瀬俊明，豊岡やよい (2001) 胚性幹細胞と生殖系列細胞．実験医学，**19** : 339-344.

16) Rassoulzadegan, M. and Cuzin, F. (1998) Cell culture systems for the analysis of the male germinal differentiation. *Adv. Exp. Med. Biol.*, **444** : 51-57.

17) 佐藤英明 (1992) 卵母細胞の減数分裂の制御機構．蛋白質・核酸・酵素，**35** : 1525-1536.

18) Sato, E. (1998) Morphological dynamics of cumulus-oocyte complex during oocyte maturation. *Ital. J. Anat. Embryo.*, **103** : 103-118.

19) Spears, N., Murray, A. A., Allison, V., Boland, N.I. and Gosden, R. G. (1998) Role of gonadotrophins and ovarian steroids in the development of mouse follicles *in vitro*. *J. Reprod. Fertil.*, **113** : 19-26.

20) 立花和則，岸本健雄 (1998) 卵成熟から受精までの細胞周期制御の分子機構．生殖細胞の発生と性分化，岡田益吉ら編．蛋白質・核酸・酵素，**43**巻（増刊号），共立出版，東京，pp. 530-540.

5.3

21) Markert, C. L., Petters, R. M. (1978) Manufactured hexaparental mice show that adults are derived from three embryonic cells. *Science*, **202** : 56-58.

22) 野口武彦・村松 喬編 (1987) マウスのテラトーマ，理工学社，東京．

23) Ohlsson, R., Hall, K., Ritzen, M. (1995) Genomic Imprinting — Causes and Consequences —. Cambridge University Press, Cambridge.

24) Robertson, E. J., ed. (1987) Teratocarcinomas and Embryonic Stem cells — A Practical Approach —. IRL Press, Oxford.

25) Saburi, S., Azuma, S., Sato, E., Toyoda, Y., Tachi, C. (1997) Developmental fate of single embryonic stem cells microinjected into 8-cell-stage mouse embryos. *Differentiation*, **62** :1-11.

26) Tachi, C., Yokoyama, M., Yoshihara, M. (1991) Possible patterns of differentiation in the primitive ectoderm of C 3 H/HeN ↔ BALB/cA chimeric blastocysts: an inference from quantitative analysis of coat-color patterns. *Dev. Growth Diff.*, **33** : 45-55.

27) Wilmut, I., Schnieke, A. E., McWhir, J., Kind, A. J., Campbell, K. H. (1997) Viable offspring derived from fetal and adult mammalian cells. *Nature*, **385** : 810-813.

## 第6章　生態革命

### 6.1

1) 浅野由ミ，上北尚正，河西恭子，遠藤秀紀，山田　挌，佐分作久良，山内啓太郎，東條英昭，名取正彦，舘　鄰（1999）哺乳類の毛皮標本からのDNA抽出ならびに機能遺伝子の回収に関する研究．日本畜産学会報，**70**，J 351-J 362.
2) DeSalle, R., Gatesy, J., Wheeler, W., Grimaldi, D. (1992) Nucleotide DNA sequences from a fossil termite in Oligo-Miocene amber and their phylogenetic implications. *Science*, **257**: 1933-1936.
3) Ehrlich, P. and Ehrlich, A. (1981) Extinction — The causes and consequences of the disappearance of species — . Virginia Barber, Random House, New York.（戸田　清・青木　玲・原子和恵訳（1992）絶滅のゆくえ，新曜社，東京．）
4) Gould, S. J. (1989) Wonderful Life : The Burgess Shale and the Nature of History. Norton, New York.（渡辺政隆訳（1993）ワンダフル・ライフ：バージェス頁岩と生物進化の物語，早川書房，東京．）
5) 後藤和文（1997）マンモスが現代によみがえる，河出書房新社，東京．
6) Hofreiter, M., Serre, D., Poinar, H. N., Kuch, M., Pääbo, S. (2001) Ancient DNA. *Nat. Rev. Genet.*, **2**: 353-359.
7) 宮下和喜（1978）絶滅の生態学，思索社，東京．
8) 日本不妊学会編（1996）新しい生殖医療技術のガイドライン，金原出版，東京．
9) 鯖田豊之（1966）肉食の思想，中公新書，中央公論社，東京．
10) Wilson, E. O. (1989) Threats to biodiversity. *Scientific American*, Special Issue, September, 60-66.

### 6.2

11) Cadbury, D. (1997) The Feminization of Nature. Penguin Books, London.（井口泰泉監修，古草秀子訳（1998）メス化する自然，集英社，東京．）
12) Colborn, T., Dumanoski, D. and Peterson-Myers, J. (1996) Our Stolen Future. Penguin Putnum, New York.（長尾　力訳（1997）奪われし未来，翔泳社，東京．）
13) Eweis, J. B., Ergas, S. J., Chang, D. P. Y., Schroeder, E. D. (1998) Bioremediation principles. McGraw-Hill, London.
14) 市川定夫（1999）環境学，第3版，藤原書店，東京．
15) 「化学」編集部（1999）環境ホルモン＆ダイオキシン，化学同人，京都．
16) 加藤　真（1997）生物の共生から見た自然．環境としての自然・社会・文化，有福孝岳編，京都大学学術出版会，京都，pp. 15-65
17) 人間とエネルギー研究会編（1989）地球環境と人間，省エネルギーセンター，東京．
18) Weizsacker, E. U. von (1989) Erdpolitik. Wissenschaftliche Buchgesellschaft, Darmstadt.（宮本憲一，佐々木健他訳（1994）地球環境政策，有斐閣，東京．）
19) Weizsacker, E. U. von, Lovins, A. B., Lovins, L. H. (1997) Faktor Vier. Drömer

Knaur, München.（佐々木健訳（1998）ファクター 4, 省エネルギーセンター, 東京.）

**6.3**
20) 岡田　実・大渕　寛（1998）マルサス人口論の 200 年, 大明堂, 東京.
21) 舘　稔（1960）形式人口学, 古今書院, 東京.
22) 舘　稔・濱　英彦・岡崎陽一（1970）未来の日本人口, 日本放送出版協会, 東京.
23) 坪内良博（1998）小人口世界の人口誌, 京都大学学術出版会, 京都.
24) 東京大学農学部編（1998）人口と食糧（農学教養ライブラリー 4）, 朝倉書店, 東京.
25) 濱　英彦・河野稠果（1998）世界の人口問題, 大明堂, 東京.
26) 湯浅赳男（1998）文明の人口誌, 新評論, 東京.

## 第 7 章　ポストリュード
27) 島崎三郎訳（1968, 1969）アリストテレス「動物誌」上・下巻, アリストテレス全集 第 7・8 巻, 岩波書店, 東京.
28) Jacob, F.（1970）La Logique du Vivant. Gallimard, Paris.（島原　武・松井喜三訳（1977）生命の論理, みすず書房, 東京.）
29) 八杉龍一（1984）生物学の歴史 上・下, 日本放送出版協会, 東京.

# 索　引

## ●── ア　行

アイスマン　108
アカガエル　69
アジア　113, 114, 116, 117, 119, 120
アジア人種　115
アジアスイギュウ　33
アジア文化　116
アジア・ポリネシア文化　6
アヒル　19
アブ　19
アフリカ　9, 117, 120
アフリカツメガエル　70, 71, 87, 99
アフリカ文化　6
アホウドリ　102
アミクシス生殖　57, 67, 68, 74, 87, 94
アメーバ　28, 68
アメリカ　114, 116, 120
アメリカバイソン　102
アルビノ　40, 41
アレルギー反応　26
アンチセンス遺伝子　62
アンチセンスmRNA　64
アンドロゲン　51

イエバエ　20
イギリス　114
イスラム教　116
イタリア　114
位置効果　29
一夫一婦制　59
一夫多妻制　59
遺伝子ターゲティング　99

遺伝子ノックアウト　30, 90, 99
遺伝子ノックイン　30, 99
遺伝子破壊　→遺伝子ノックアウト
遺伝子発現　99
イヌ　24, 25, 31
イモリ　92
インテグリン　81
インド　9, 113
インドネシア　113
インプリンティング　99

ウイルス　9, 21, 62
ウイルム腫瘍抑制遺伝子　65
ウォルバキア　21
ウサギ　22, 25, 39
ウシ　17, 18, 23, 24, 29, 30, 40, 43, 60, 73, 81, 87
ウシバエ　20
宇宙　1, 104, 117, 122, 125
ウナギ　91
ウマ　17, 24, 31
ウマバエ　20
運動　50

エクセントリック・トレーニング　→伸張性トレーニング
エネルギー転換効率　18
エピオルニス　102
猿人　4, 5
エンジン文化　8

応用動物科学　4, 11, 100, 120, 125
オタマジャクシ　70

索　引　◆139

## ●── カ　行

カ　19, 20, 21, 23, 109
カイコガ　23
回虫　24, 26
開発途上国　26, 60
外部寄生虫　19, 20
カイメン類　28
化学　108, 109, 110, 112
化学公害　111
家禽　19, 24
核移植　68, 69, 71
囲い込み型文化　115, 119
化石 DNA　105
カタツムリ　17
家畜　19, 60, 64, 69, 73, 74, 90, 91, 93
カネミ油症事件　111
カバ　33
カマキリ　105
カモノハシ　75
カワモグリバエ　20
ガン　77, 78, 79, 82, 111
ガン遺伝子　62
環境汚染　6, 10
環境汚染度　8
環境汚染物質　113
環境破壊　6
環境ホルモン　10, 108, 111
幹細胞　97
幹細胞因子　41
感染抵抗性　29

機械文明　6, 8
奇形腫　69
希少種　30, 42
寄生虫　24, 26
キチナーゼ　21
奇蹄類　38
忌避物質　22, 23
キメラ　32, 90
キメラマウス　97, 98
吸血昆虫　23

共生　21, 24, 26
共生生物　24, 25, 26
競争馬　49, 53
蟯虫　24
恐竜　101
巨人症　33
キリスト教　116, 122
キリン　38
筋線維　54
筋肉　49, 50, 52, 53
ギンブナ　68

クアッガ　38
偶蹄類　33, 38, 81
草地　6
クジャク　57, 67
クジラ　103
グッピー　29
クモ類　19
クロバエ　20
クロレラ　13, 14
クローン家畜　71
クローン動物　69, 73, 90, 92, 93
クローン人間　71, 74

形質転換動物　18
月経周期　121
ゲノムプロジェクト　37
原ガン遺伝子　53
原始卵胞　92, 93
減数分裂　58, 90, 91
原生生物　13, 28, 67
原生動物　17, 19, 25, 28
顕微注入　107

光合成　6, 14, 16
光合成細菌　14
合成高分子　109
合成洗剤　109
抗生物質　109
酵母　67
ゴキブリ　105
黒色人種　38

古代DNA　105, 106
琥珀　105
コビトカバ　33
コプラナーPCB　111
コレラ菌　26

● ── サ　行

サイ　29
菜食主義者　25, 43
再生　94, 96
最大許容人口　8, 9
殺虫剤　20, 111
サテライト細胞　53
サナダムシ　26
サンゴ類　28

死　3, 85
子宮　81
シグナル伝達経路　46, 48
始原生殖細胞　89, 91
雌性単為生殖　68
自然保護　111
シチメンチョウ　19, 43
至適人口　8, 115
シマウマ　38, 42
社会的単配偶　59
ジャワマメジカ　33
十二指腸虫　24
終末分化　96, 100
絨毛膜腫　80
侏儒症　33
受精　58, 59
受精卵　29, 87, 96, 97
受容体　33
消化管　17, 23, 24
ショウジョウバエ　87, 88, 89
条虫　24, 26
初期胚　70, 96
食物　12
食物連鎖　7, 12
食料　7, 8, 19
シラミ　21, 109

シロアリ　17, 105
シロイワヤギ　40
シロナガスクジラ　28
進化　2, 3, 4, 5, 6, 84, 85, 86, 89, 104
進化論　84, 85
人口　6, 113, 114
人口構造　118, 120
人工受精　60
人工胎盤　76, 82
人口調節　121
人口ピラミッド　118, 119
人口問題　120, 121
シンシチウム　80
浸潤　77, 79, 82
新人類　119
真胎生　75
伸張性トレーニング　51
シンテニー　30
森林　6

スイギュウ　40, 49
ステロイドホルモン　22, 51
スーパーカウ　49

西欧文化　6, 116
性決定機構　66
精原細胞　92
精子　57, 58, 67, 86, 90, 91, 92, 93, 107, 108, 123
精子形成　91, 92, 93
成熟分裂　91
成熟分裂誘起因子　91
生殖　57, 116
生殖隔離　115
生殖系列　2, 89, 93
生殖行動　22, 59
生殖細胞　2, 58, 67, 84, 85, 86, 87, 88, 89
生殖細胞系列　2, 85, 86, 87, 90, 94, 120
生殖細胞決定因子　87
生殖周期　22
生殖巣　62
生殖堤　62
生殖年齢　93

生殖隆起　62
精巣　51
精巣決定因子　60
生態系　5, 101, 104, 111, 116, 125
成長ホルモン　33, 34
性比　59, 60
精母細胞　92
生命のストラテジー　2, 3
世界人口　113, 114, 117, 121
赤痢菌　26
赤血球　14
節足動物　19
絶滅　101, 102
絶滅危惧種　90, 103, 104
絶滅種の復元　30
セルトリ細胞　92
セルラーゼ　17, 18
セルロース　17
全能性　96, 99, 100
全胚培養　77

ゾウ　29, 67, 107
草原　4, 5
ゾウリムシ　28

● ── タ　行

第1次ベビーブーム　119
ダイオキシン類　111, 113
体外受精　60, 75, 90, 91, 93
袋形動物　19, 24
体細胞　2, 3, 67, 70, 73, 74, 84, 85, 86, 89, 90, 91, 93, 94, 95, 96, 100
体細胞核　87
体細胞クローニング　71, 74, 87, 125
体細胞クローン動物　87, 99
体細胞系譜　85, 86, 87, 89, 94
体色　37
大腸菌　16, 24, 26
第2次世界大戦　17
第2次ベビーブーム　119
胎盤　77, 79, 81
胎盤性泌乳刺激ホルモン　81

太陽エネルギー　7
太陽定数　7
ダーウィンムカシシロアリ　105
多核化細胞　80
多雌配偶　59
ダニ　19, 20, 21, 23, 109
多能性　96, 100
タビネズミ　64
ダブルマッスル　54
単為発生　68, 69, 74
淡水　7
炭水化物　16
窒素固定　16, 43
中近東　115, 116
中国　9, 113
腸管上皮細胞　70
腸内細菌　16, 24, 25, 43
チロシナーゼ　40

テラトーマ　69
転移　78, 82

ドイツ　114
同化型文化　119
淘汰　102
東南アジア　113
糖尿病　36
動物タンパク質　12
トガリネズミ類　28
トキ　102, 108
独立栄養生物　16
都市　5, 6
トラ　38, 103
トランスジェニック家畜　34
トランスジェニック動物　18, 29, 34, 62, 90, 92
トランスジェニックヒツジ　35, 36
トランスジェニックマウス　21, 34, 41, 53, 63
トランスジェニックラット　35, 46
トレーニング　51, 55, 74
トロフィニン　89

トロフォブラスト細胞　77, 78, 80, 81, 89, 96, 97, 100

● ── ナ 行

内部細胞塊　97

肉　43, 50, 51
日本　113
ニホンオオカミ　103
乳酸菌　26
乳漿酸性タンパク質　45
乳製品　43
乳腺上皮細胞　44, 73
乳量　49
ニワトリ　19, 43, 50, 66
妊産婦死亡率　75

ネコ　24, 38
熱帯(多)雨林　4, 5, 6, 101
ネンテンカイチュウ　24

農薬　111
ノミ　20, 21, 22, 109

● ── ハ 行

胚移植　60, 93
バイオレメディエーション　112
廃棄物処理　110
配偶子　58, 91, 93
胚細胞　69, 97
バイジェニックラット　46
胚性幹細胞　97
胚盤胞　97, 99
ハエ　20, 105
パキスタン　113
白色人種　38, 41
ハツカネズミ　39
発生工学　60
パラチオン　109
反芻類　18, 25
半導体　109

万能細胞　99, 100
鞍馬　53

ピグミー　36
ヒストン　107
非相同組換え　29
ビタミン　25, 26
ヒツジ　17, 18, 19, 21, 24, 35, 39, 41, 43, 49, 73, 87, 125
泌乳　48
ヒト　77
ヒトデ　94
ヒドラ　94
ビフィズス菌　24
非翻訳領域　48
被毛色　37, 39
被毛パターン　38
標的破壊　54
ヒラコテリウム　31

ファイブロネクチン　81
フェロキラターゼ　15
フェロモン　22, 23
ブタ　19, 24, 29, 30, 35, 43, 50, 81, 87, 91
仏教　116
フナクイムシ　17
ブヨ　19, 21
プラスチック　10, 108, 109
プラナリア　87, 94, 95
フランス　114
プリオン　9
プレオドリーナ　85
プロタミン　107
プロバイオティクス　25, 112
プロラクチン　44
フロン　10, 109
分化　96, 100
文化圏　115, 117

ペニシリン　109
ヘム　14
ヘモグロビン　14, 24
扁形動物　19, 24

索　引　◆143

ホッキョクグマ　40
ボディー・カラー　37
ボディー・サイズ　28
ホメオボックス遺伝子　79
ホモ・サピエンス　4
ホラガイ　17
ポルフィリン　14
ボルボックス　85
ホルモン　43, 46, 51, 53

● ── マ　行

マイオスタチン　54
マウス　26, 29, 30, 31, 32, 34, 36, 38, 41, 61,
　　66, 69, 73, 87, 89, 91, 92, 97, 108
膜型マトリックスメタロプロテアーゼ　78
マグネシウムキラターゼ　15
マグフィニン　89
マクロファージ　112
マスト細胞成長因子　41
マンモス　101, 107

ミイラ　105
ミクシス生殖　57
未受精卵細胞質　89
ミドリゾウリムシ　13, 14
水俣病　111
ミルク　43
ミルク生産量　20

無駄玉仮説　45

メダカ　29
メタロチオネイン　33
メチレーション　68, 99, 100
メラニン色素　38
免疫系　26
免疫反応　24

蒙古人種　38

● ── ヤ　行

ヤギ　18, 19, 36, 39, 41, 42, 49, 64, 81, 87
野生動物　90

有機水銀　111
有糸分裂　90
優性黒眼白色　40, 41
有性ミクシス生殖　67, 90
ユダヤ教　116

葉緑素　14
葉緑体　13
ヨーロッパ　114, 115, 116, 117, 119
ヨーロッパ人種　115

● ── ラ　行

ライオン　57
ラット　25, 29, 30, 32, 73, 77
卵形成　92, 93
卵原細胞　92
卵細胞　57, 58, 67, 68, 75, 86, 87, 90, 91, 92,
　　93, 100, 107, 108
卵細胞質内精子注入法　107
卵子　57
卵巣　69, 92
卵母細胞　58

リストラ　119
リボザイム　62, 64
量的形質遺伝子座　37
リョコウバト　102
輪廻転生思想　85
リンパ球　112

● ── 欧　文

$\beta$ カゼイン　44
$\gamma$-BHC　109

*c-ski*　53
*DAX 1*（*Dax 1*）　63, 64, 65
DDT　109, 110
DNA 組換え　25
ES 細胞　93, 98, 99, 100
GCDF　87, 88
GCDF 遺伝子　89
*gcl*　88
GH　34, 35, 43
HC 11　44
*HMGI-C*（*Hmgi-C*）　36
ICSI　107
*Jack 2*　46, 48
K-戦略生物　115
KIT タンパク質　41
kit リガンド　41
MAGE ファミリー　89
*MGF* 遺伝子　41
mRNA　63
MTMC　109
MT-MMP　78
NAC　109
*nanos*　88

Notch　89
O 157　26
P 450 アロマターゼ遺伝子　65
PCB　109, 111
PCR 法　60, 105
PRL　43, 46
PRL 受容体　45, 46
QTL　37
r-戦略生物　115
S → G 変換　87, 93
*Sl* 遺伝子　41
*sno*　53
*SRY*（*Sry*）　61, 62, 63, 64, 65, 66
SRY カスケード　65
*Stat 5*　46, 48
TDF　60
*Tdy*　60
TEPP　109
*vasa*　88
*W* 遺伝子　41
WAP　45, 48
*WT-1*　65

# -MEMO-

-MEMO-

著者略歴

舘 鄰（たち ちかし）

1936年　東京都に生まれる
1962年　東京大学生物系大学院修士課程修了
　　　　国立放射線医学総合研究所，
　　　　英国 Chester Beatty 癌研究所，
　　　　イスラエル国 Weizmann 科学研究所，
　　　　東京大学理学部生物学科動物学教室助手を経て，
1992年　東京大学農学部教授
現　在　麻布大学獣医学部教授
　　　　Ph. D.（学術博士）（Weizmann 研究所）

シリーズ〈応用動物科学/バイオサイエンス〉1
**応用動物科学への招待**（普及版）　　　定価はカバーに表示

2001年9月15日　初　版第1刷
2013年5月15日　普及版第1刷

著　者　舘　　　　　鄰
発行者　朝　倉　邦　造
発行所　株式会社　朝　倉　書　店
　　　　東京都新宿区新小川町 6-29
　　　　郵便番号　１６２-８７０７
　　　　電　話　03（3260）0141
　　　　Ｆ Ａ Ｘ　03（3260）0180
　　　　http://www.asakura.co.jp

〈検印省略〉

ⓒ 2001〈無断複写・転載を禁ず〉　　シナノ印刷・渡辺製本

ISBN 978-4-254-17781-7　C 3345　　Printed in Japan

JCOPY　〈(社)出版者著作権管理機構 委託出版物〉

本書の無断複写は著作権法上での例外を除き禁じられています．複写される場合は，そのつど事前に，(社)出版者著作権管理機構（電話 03-3513-6969，FAX 03-3513-6979, e-mail: info@jcopy.or.jp）の許諾を得てください．